U0167907

高校数学教学方法发展与创新研究

赵培勇　著

延边大学出版社

图书在版编目（CIP）数据

高校数学教学方法发展与创新研究 / 赵培勇著.
--延吉 ： 延边大学出版社，2022.8
ISBN 978-7-230-03769-3

Ⅰ．①高… Ⅱ．①赵… Ⅲ．①高等数学－教
学研究－高等学校 Ⅳ．①O13-42

中国版本图书馆CIP数据核字(2022)第160534号

高校数学教学方法发展与创新研究

著　　者：赵培勇
责任编辑：杨　明
封面设计：文　亮
出版发行：延边大学出版社
社　　址：吉林省延吉市公园路 977 号　　　邮　编：133002
网　　址：http：//www. ydcbs. com　　　E-mail：ydcbs@ydcbs. com
电　　话：0433-2732435　　　　　　　传　真：0433-2732434
印　　刷：廊坊市广阳区九洲印刷厂
开　　本：787 毫米 ×1092 毫米　1/16
印　　张：8.25
字　　数：200 千字
版　　次：2022 年 8 月第 1 版
印　　次：2022 年 9 月第 1 次印刷
书　　号：ISBN 978-7-230-03769-3
定　　价：68.00 元

前　言

　　数学作为学习各种学科的必要工具，一直受到人们的重视。然而当前在一些高校中，仍存在着教学形式单一、课堂教学效率低下等问题，使得数学教学难以进一步发展。对此，教师在教学过程中要正视数学教学改革中存在的问题，探究对应的解决方案，对教学方式和课堂内容进行全面且深入的研究，充分利用现代化资源和教学技术，在提高课堂教学效率的基础上推进高校数学教学的发展。本书立足于当前高校数学教学现状，对数学教学改革中存在的问题以及解决方案进行了简要分析，并提出了几点思考。

　　在数学课堂教学中，学生还没有形成良好的数学解题思路，对教师的依赖性较强，受教师教学模式的影响较深，且一般都是套用教师的解题思路和思考问题的方式进行解题。在课程体系的设置上，高校一般将理论类基础数学课程集中安排在大一，并且课程安排得较为紧凑。教师在教学时也一直注重紧跟教学进度，而在一定程度上忽略了对学生数学应用能力的培养，不能切实地提高学生的数学逻辑思维能力和发散思维能力。当前，高校数学教材中的习题通常以理论推导类为主，应用类的较少，使得数学教学与生活实际脱节。数学教材中的理论知识通常难以理解，在实践生活中很难找到相关的契合点；学生在课堂教学中无法感受到数学内容的本质概念，数学学习较为抽象。这些在很大程度上限制了学生自身数学应用能力的进一步提高。

　　随着教育改革的不断推进，素质教育越来越受关注，高等教育也得到了长足的发展。但是目前，高校数学教学在对学生数学应用能力的培养上还需要进一步完善，要解决这一问题还需从教师自身的教学出发，改变现有的教学方式，创新教学方法，借助多媒体信息设备增强课堂教学的有效性，帮助学生掌握数学知识的精髓，培养学生的数学思维能力和数学应用能力，促进学生全面发展。

目　录

第一章 高校数学教学概述

第一节 高校数学教学现状

人的综合素质对整个社会的发展起着重要的推动作用。切实提高学生的综合素质，符合时代发展的要求，并且有利于学生担负起时代赋予他们的历史使命和社会责任。数学作为高校的重要科目之一，对提高学生的综合素质至关重要。因此，高校数学教师要顺应时代步伐，努力为国家培养高素质的人才。

一、高校数学课程的重要性

（一）数学是培养学生逻辑思维能力的重要学科

与学习其他学科相比，学习数学更需要较强的逻辑思维能力。在探究和解决数学问题的过程中，学生的思维能力得到开发，逻辑推理能力得到锻炼，解题能力得到提高。

（二）数学能让学生形成严谨的科学态度

数学是一门比较考验耐心的科目，学生在解题时除了要有缜密的思维，还要有耐心。除此之外，数学的结论也是确定的，对就是对，错就是错。学生很容易在数学学习中养成严谨的科学态度。因此，高校数学教学在一定条件下培养了学生的探究精神，也间接培养了学生的科学态度，塑造了学生良好的品格。

二、高校数学教学存在的问题

随着我国教育水平的不断提高，以及企业对高素质人才的需求量的逐年增加，企业对高校人才培养提出了更多的要求。目前，高校数学教学还存在一些不足之处，限制了学生的进一步发展。

（一）学生学习缺乏主动性

学生学习缺乏主动性的原因主要有三点。第一，由于生源的多元化，学生的学习基础差异较大，不少学生在学习中对数学存在抵触心理，主动学习意识淡薄，他们学习数学的目的大多只是应付考试。第二，高校数学涉及的知识点较多且难度较大，很容易打击学生的学习积极性。第三，在数学课堂教学中，学生还没有形成良好的解题思路，对教师的依赖性较强，多套用教师的解题思路和思考问题的方式进行解题。这在很大程度上限制了学生数学应用能力的进一步提高。

（二）课程体系设置不合理

在课程体系上，高校一般将理论基础类数学课程集中安排在大一，而且课程安排得较为紧凑。教师在教学时比较注重紧跟教学进度，忽略了对学生数学应用能力的培养，不能切实地提高学生的逻辑思维能力和发散思维能力。当前，高校数学教材中的习题通常以理论推导类习题为主，相关应用类的习题较少，使得数学教学内容与生活实际脱节。数学教材中的理论知识通常难以理解，在实际生活中很难找到契合点，学生在课堂教学中无法理解抽象的数学概念，限制了学生数学应用能力的提升。

（三）数学教学方式老旧

第一，部分高校的数学教学方式依然没有创新，教学质量难以提高。例如，教师多使用"填鸭式"的教学方法，虽然能够提高学生的学习能力，但却不利于学生数学思维能力及实践能力的培养；第二，没有引入先进的教学方法及教学模式，导致很多抽象的数学概念、计算方法及原理难以被学生理解，在一定程度上影响了学生学习数学的积极性，影响了高校数学教学的进度和质量。

（四）数学教师专业能力及综合素质不高

第一，部分高校数学教师没有及时更新自己的教学理念，导致自己的数学教学专业能力逐渐下降，越来越满足不了实际的教学要求；第二，部分高校数学教师并不是数学专业出身，所以专业知识及专业技能比较欠缺，存在专业能力不强，综合素质不高的问题；第三，部分高校数学教师刚从师范院校毕业，缺少教学经验，不能够很好地引导学生深入学习高校数学知识。

三、解决高校数学教学问题的方法

（一）提升教师的专业素养

在高校扩招的背景下，学生数量增加，数学教学质量有所下降，这种情况不利于学生的全面发展，所以高校要加强师资队伍建设，提高数学教师的专业化水平。数学教师要提高自身的专业素养，使自己有能力满足学生的求知欲，在教学过程中要尊重学生、理解学生，让学生在良好的环境中学习。高校也要督促教师定时学习，定期组织教师进行培训，旨在打造一支高素质、专业化的教师队伍。

（二）充分利用数学教学资源

学校可以利用新媒体教学资源，丰富课堂教学活动。比如，添置电脑、投影仪等设备，使新媒体技术与数学教学活动相结合。多媒体课件等教学资源虽然是课本知识的辅助品，但是也可以大大提高学生的理解能力，激发学生的学习兴趣，培养学生的创新能力。教师要善于利用多媒体等工具辅助教学，提高教学质量。同时，教师也要抛弃以前的不合理的教学模式。

（三）以学生为主体，发挥学生的主观能动性

高校不仅要通过数学教育让学生的数学素养有所提高，还要让学生有能力将数学理论知识合理地应用到生活中，所以高校要从多个角度出发，研究如何提高数学教学质量。教师更要以学生为主体，根据学生的学习习惯探索教学方法、制定教学方案，充分发挥学生的主观能动性。

（四）设计具有启发性的数学问题

教师在教学中要设计出启示性较强的数学问题，让学生对数学充满好奇，从而激发学生的学习积极性。随着教学活动的不断深入，教师应慢慢地让学生学会自学。如果学生在学习过程中遇到了困难，教师可以适当地引导，让学生找到解决问题的突破口。此外，教师要多安排实践类课程，尽量让理论知识与实践活动相结合，不断让学生总结实践经验。教师在这一过程中要结合具有启发性的数学问题进行教学，结合学生的心理发展特点，指导学生掌握学习数学的方法。同时，教师在进行教学活动时，也要对学生的思维能力进行系统化的锻炼，在学生掌握知识的前提下，提高学生的数学思维能力，从而让学生学会独立思考。

总之，高校要把握学生的心理特点，以学生为本，尊重学生，通过启发性的教学让学生学会独立思考。另外，高校要加强师资队伍建设，提高教师的专业化水平。同时，教师要提高教学资源的使用效率，通过对教学资源的高效利用，激发学生学习数学的兴趣，进而培养学生的创新能力。

第二节 高校数学教学改革

2011 年，我国"高等学校本科教学质量与教学改革工程"全面启动，要求各高校全面推进数学教学改革。但由于实际教学中存在各方面的问题，部分高校数学教学改革仍在原地踏步，在形式上和质量上都没有太大的变化。对此，教师在教学中要从在数学教学改革中遇到的具体问题出发，结合实际情况，制定相关的教学改革方案，对已有的教学内容和教学形式进行创新和调整，在提高教学质量的同时提高学生的数学

计算能力。

一、高校数学教学改革面临的问题

数学作为一门逻辑性较强的学科，其内容相对抽象、复杂，且对学生的学习能力有一定的要求。就当前部分高校选用的数学教材而言，其在内容上存在不合理性，即内容单一且偏重理论知识，既没有与实践结合，也没有与其他学科融合，这在一定程度上限制了数学这门基础学科的实用性。同时，老旧的教材内容也容易导致学生形成思维定式，达不到培养学生创新思维能力的目的。其次，在教学方式上，部分数学教师仍采用板书和习题训练等传统方法，在课堂教学过程中很难发挥学生的主体作用，学生缺乏对数学知识的思考，尤其缺乏对数学知识的应用意识。

二、高校数学教学改革的对策

（一）完善教材内容，加快课堂教学改革

教材内容的单一使得学生的学习和思维方式呈现高度同化的趋势，大部分学生在学习过程中遇到教材范围之外的陌生习题就会感到困惑，看见综合性较强的习题就不会做，要改善这一情况就需要从完善教材内容和改进课堂教学方法等方面出发。高校数学教材涵盖的知识内容庞杂，练习题目形式多变，学生只有"吃透"教材，才能顺利地完成各种练习。然而，在传统课堂教学模式下，教师能够讲解的内容比较有限，有时教师也无法完整地为学生解释清楚知识的具体应用方法，导致学生在后续的学习中频频遭遇障碍。对此，教师在教学中可先从教材内容出发，结合实际情况制定合理的教学方案，以建模代替习题训练，运用设计巧妙的数学题目来展现数学定理的推理过程等，在培养学生的数学应用能力的同时加快课堂教学改革。

如在教授"数列及数列极限"一课时，教师可从教材内容出发，以数学建模的方式来引导学生深入学习。教师可以先给学生呈现简单的数列，再由简单的数列逐步地过渡到复杂的数列。在这一过程中，要注意给学生构建相应的模型，帮助学生由易到难地推导出求数列极限的方法。同时，教师也要对课堂教学形式进行改革，可以先从最简单的数列出发，教学生求数列极限的方法，然后将不同类型的数列呈现出来，引导学生通过自主思考和解析，求出这些数列的极限；也可以将一些实际案例和课堂内容结合起来，例如将学生高中学过的等差数列和等比数列应用到高校数学课堂教学中。教师从教学实际出发完善教材内容的这种做法，能有效地推进课堂教学改革。

（二）应用网络教学资源，整合课堂数学内容

互联网技术在改善社会生活环境的同时，也为高校数学教学改革带来了许多新的

思路。比如，依托信息技术，可以将过去不便用语言描述的抽象的教学内容，以直观的方式呈现在学生眼前。信息时代的资源十分丰富，不仅能帮助学生理解数学知识，还能从多方面丰富课堂教学内容。对此，教师在教学过程中要合理利用网络教学资源及手段，注意对课堂教学内容进行高效整合，并构建相关的网络资源库，以实现对教学资源的充分利用。

如在教授"导数的几何意义"一课时，要先明确这节课的内容不仅是数学教学中的重要知识点，还是学习其他学科的重要基础。对此，教师在教学时可将其他学科的内容和本节课的知识结合起来。在上课时，教师可先为学生讲述导数的意义，并对某个函数的一阶导数、二阶导数、三阶导数的几何意义和数学意义进行全面讲解，并列举一些实际应用案例。如对物理学科来说，以时间 t 为变量，位移的一阶导是速度、二阶导是加速度，其表现的是物体运动的快慢；对材料加工中的曲线来说，圆弧形材料的顶点需要用其二阶导数的最大值来确定。在学生对导数求解方法以及相关数学意义有了初步的认识后，教师再给学生推荐一些有关讲解数学导数的网站，让学生在课后观看和学习，了解导数在多个学科和多个领域的应用案例。这样既有利于加深学生对课堂教学内容的理解，也能有效地开阔学生的数学视野。

（三）丰富教学形式，提高课堂教学效率

好的课堂教学模式有助于提高教学效率，有助于激发学生的学习热情。为此，教师可以在教学过程中引入现代化的信息设备，结合传统教学形式进行教学，或对现有教学形式进行改进和创新，充分发挥信息时代的教学优势，以动态的画面加深学生对数学内容的理解，提高学生的思维能力。

如在教授"不定积分的意义"一课时，教师可先给出一些关于定积分的简单案例，如不规则梯形的面积、变速运动的物体的位移等。然后再过渡到不定积分的相关案例，诸如呈指数增长的石油消费量、十字路口黄灯的通行时间等。这些内容对初次接触不定积分的学生来讲比较难以理解，因此教师可采用现代化的教学手段分步骤地给学生解析。如对呈指数增长的石油消费量，教师可先在 PPT 上给出 1970–2010 年石油消费量的年度变化数据，结合具体数据引导学生列出公式、求原函数、进行计算等。为进一步让学生清晰地了解石油消费量的变化情况，教师可以通过画图的形式，结合不定积分公式来呈现石油消费量的年度变化情况，让学生能够清晰地认识到不定积分在实际生活中的应用价值。在解决此问题后，教师还可以列举其他相关案例，进一步帮助学生巩固基础知识。教师在教学过程中利用信息技术丰富课堂教学手段，不仅能提高课堂教学效率，也能显著地拓展学生的数学思维。

（四）构建生本课堂，培养学生自主学习的习惯

教师在教学中要注意"以学生为本"。教师只有保障学生在课堂上的主体地位，才

能充分激发学生的潜能。大学生具备一定的自主学习能力，应该积极、主动地学习数学知识。为此，教师在教学过程中应构建生本课堂，结合课堂教学内容促使学生主动学习，让学生来主导课堂教学进度，发挥自己在课堂教学活动中的主体作用，从而提高学生的学习积极性，使学生养成自主学习的好习惯。

如在教授"空间直线方程和空间平面方程"一课时，教师要从学生的认知水平出发，给学生创设合理的学习环境，促使学生自主学习。教师可从最简单的平面直线方程讲起，逐步地拓展到空间直线方程，并询问学生：在空间中如何确定直线方程、需要哪些步骤等。同时，要尽量给学生讲解完整的解题步骤，如构建空间直角坐标系、确定空间点的坐标，设方程等。在学生对解题步骤有了大致了解后，教师可以讲解一些例题，让学生掌握解题的基本思路，同时可以将学习内容进一步拓展到空间中的平面方程，这次可以让学生自主探究，并给予其足够的时间。学生既可以在网络上查阅资料，也可以从教材里查找知识点并进行推理论证。在必要的时候，教师也可以进行提示，以帮助学生高效地获取数学知识。教师在教学过程中应确立"以学生为本"的课堂教学理念，并注重对学生的自主学习能力的培养。这样做不仅能够达到数学教学改革的目的，也能够帮助学生养成良好的学习习惯。

（五）改进评价方式，鼓励学生进行自主学习

自学是高校学生的重要学习方式之一，已经具备自主学习能力的高校学生早已逐渐习惯自行解决学习中遇到的问题，也拥有较多的独立解决这些问题的经验。在这种情况下，教师应适当改进评价学生的方式，使之满足学生的发展需求。目前，许多高校在设置数学课程评价标准时，采用了考试成绩与平时表现相结合的综合评价方案。为了鼓励学生自主学习，教师可以在平时表现环节给予学生自我评价的机会。与此同时，高校数学教师还可以组建合作学习小组，开展学生互评，要求各组学生在完成任意阶段的学习任务后互相打分，并将分数记录下来，作为期末成绩的评价依据之一。通过这种方式，学生能够真正参与到学习评价中。一方面，学生可以拥有更大的学习自主权，保持良好的心理状态；另一方面，学生能够在教师的引导下更加客观地看待自身的学习效果，在反思中进步。

综上所述，当前的高校数学教学在教材内容、教学方法和教学形式上都存在一些问题，在一定程度上阻碍了数学教学改革的进度，也限制和束缚了学生的数学思维能力的发展。对此，高校数学教师在教学过程中要正确认识数学教学改革中存在的问题，基于实际情况对教学内容、教学方法和教学形式进行相应调整，加快对教学内容和教学方法的改革和创新，使之满足学生的实际学习需求，并构建高效自主的课堂，培养学生的数学能力和自主学习的好习惯，在促进课堂教学改革的同时，发挥数学学科对提升学生综合素养的积极作用。

第三节　"互联网 +"背景下的高校数学教学

一、"互联网 +"背景下高校数学教学问题阐述

"互联网 +"背景下的高校数学教学改革主要体现在方式方法、技术技巧、教学延伸等方面。第一，方式方法方面。在"互联网 +"背景下，部分高校引入了先进的教育体系，这使得教师在教学方法上有了更多不同的选择，但仍需要不断改进和创新。第二，技术技巧方面。随着"互联网 +"理念的流行，先进的教学技术被引入课堂，教师需要快速掌握这些技术并加以应用。第三，教学延伸方面。进行教学延伸需借助"互联网 +"的教学元素，让学生在数学课程学习中获得更多的体验。

然而，上述教学方法、教学技术、教学元素能否发挥作用，首先跟教师自身综合素质的高低有很大的关系，且需要教师主动学习。但从目前高校数学教学改革的情况来看，部分高校数学教师的综合素养并未达到要求。

其次，"互联网 +"背景下，高校要想更好地发挥先进的教学技术，相应的数学教学配套设施是不可或缺的，因此各高校需要优化教学资源配置。然而，很多高校在人力、物力、财力上受到限制，难以在教育教学资源上进行大规模投入，严重影响了教学改革的进度。

最后，高校学生的学习兴趣和自主学习能力有待提高。此外大部分高校学生虽然具有自主学习的意识和学习兴趣，但是缺乏可持续性的执行力。在"互联网 +"背景下，高校数学教学要突出其文化育人功能，着力培养学生的自主学习能力和实践创新能力，同时要营造良好的课堂氛围，为学生创设轻松的学习环境，培养学生良好的学习习惯，从而提高学生的学习兴趣和自主学习能力。

二、"互联网 +"对高校数学教学的影响

（一）有利于实施差异化教学

通过大数据采集功能对每个学生进行个性化分析，有助于教师对学生实施个性化教学；同时，根据学生的能力水平，对课程内容、作业题库等进行动态调整，可促进差异化教学策略的真正落实。"互联网 + 教学"不受时空限制，能为学生制定有针对性的教育方法和内容，满足不同学生的要求，为学生职业能力的培养打下坚实基础，促进差异化教学目标的实现。

（二）有利于创新数学教学模式

"互联网+"背景下，高校数学教学模式发生了很大变化。学生可以不受时间和空间的限制，在网络平台上提前预习课程基础知识、利用微课完成学习任务等。网络学习空间、学习环境具有开放性，能够有效实现师生间及学生间的互动，使教师能够及时掌握学生的学习情况，提高学生的学习积极性、自主学习能力及实践应用能力。同时，"互联网+"数学教学模式对教师各方面的能力都提出了更高的要求，教师在掌握教学规律及专业知识的基础上，还需熟练运用各种信息技术（如整合文本图形、音频视频等）。

（三）有利于提高教学质量

"互联网+"背景下的教学更注重双向教学方法的使用，教师可以通过"翻转课堂"这一教学模式，充分发挥互联网的作用，让学生自主获取学习资料和网络课件，让学生掌握更多的知识，有助于培养学生的社交能力。在这种线上和线下相融合的教学模式下，师生均获得了更大的主动权，从而使教学质量得到显著提高。

（四）有利于学生打破思维定式

无论未来从事哪一种类型的工作，学生都不应只靠已有的经验，只有不断地创新才能更好地适应社会的发展。在学生时代，我们往往只注重个人的学习成绩，但是学习成绩不能代表一个人真正的综合能力。学生必然会走向社会，培养他们的创新意识，让他们适应社会、更好地生存更有意义。

三、"互联网+"对高校数学教学模式的重构

"互联网+"为教育提供了发展机遇，为了更好地完成教学目标，高校需要对数学教学模式进行重构。许多高校的数学教学体系虽已较为完善，但由于数学知识具有较强的抽象性和逻辑性，因此提高教学效率的难度较大。在这样的背景下，高校数学教师可通过制定不同的教学方案，开展相应的教学活动，帮助学生掌握数学知识，引导学生应用数学理论解决实际问题，提高学生的自主学习能力和教师的教学效率，进而更好地完成教学目标。

（一）优化数学教学模式

在"互联网+"的大背景下，教师可以通过创设特定的情境，以图文并茂的形式增强课堂教学内容的感染力，激发学生的学习兴趣、学习潜能和创造力。学生可以充分利用网络教学课件自主学习，加深自己对知识的理解。

"互联网+"背景下的教学模式可以使高校数学教师摆脱繁重的课堂讲解工作，将更多的时间和精力用在为学生提供个性化指导上，同时丰富的网络学习资源有助于提

高学生的学习积极性，从而提高数学教学效率。教材是教学的根本，为完成"互联网+"背景下的数学教学任务，高校数学教材也应及时更新。高校可以充分利用信息化资源完成数学教材内容的更新，以高校数学精品课程为平台，逐步建立和完善立体化课程教学体系。

（二）完善教学评价方法

在互联网时代，每个人既是评价的主体又是评价的对象。学生和任课教师也可以通过网络平台进行互评，学生可以为教师的优质课程内容或教学方法点赞；教师可以通过对网络数据的分析和研究，对学生的学习效果进行及时评价，进而更好地完成教学任务。

四、"互联网+"环境下高校数学教学模式的改进措施

（一）构建适合本校学生的网络教学平台

时代在发展，教师在开展教学活动时也要与时俱进。传统的由一根粉笔就能完成整堂课的教学任务的教学模式已经不能满足学生发展的需要了，所以教师必须更新教学观念，结合本校教学实际，将现有的适合本校学生的教学手段应用到教学活动中。这样做一方面是为了实现教学目标，提高教学效率；另一方面也考虑到了学生的实际情况，现在的学生接触的新事物较多，对与时俱进的教学方式也更感兴趣。

如今，有不少高校已经搭建了教学平台、改进了教学方式。在一些高校中，大部分课程都可以通过网络教学平台进行讲授。教师可以将教学大纲、教案、课件、教学视频、微课视频、作业、试题等资料上传到网络平台，学生可以从平台上直接下载自己需要的资料，学习起来很方便。同时，教师可以通过网络教学平台批改作业、试卷，学生也可以通过平台查询成绩。这样的教学模式在一定程度上摒弃了固有的、不合理的、效率较低的教学策略和教学方法，将信息化教学方法融入课堂教学中，提高了教学效率，实现了传统教学模式与网络教学模式的紧密结合。

（二）合理地利用优质教学资源

教师应该不断地学习，转变传统的教学观念，根据学生的学习特点合理利用互联网教学资源，将其他院校的精品课程引入课堂。教师可以根据需求将名校网络教学视频、名师微课、教学案例、数学实验等优质教学资源进行整合，并应用到日常教学中，改变一成不变的授课方式，给学生带来新鲜感，开阔学生的视野。

教师也可以将网络课程中独立的知识点提炼出来，做成微视频或设置一些问题，为教学活动作补充。这样做充分体现了"以学生为本"的教学理念，有利于实现教师的"教"是为了学生更好地"学"的目标。值得注意的是，将微课应用于高校数学教

学活动中可以起到很好的教学效果，但是微课只能作为课堂教学的补充，而不是课堂教学的全部。我们在教学过程中要合理地、适当地使用这种教学手段，在使用微课视频授课之后还要根据学生对知识的实际掌握情况，对相关的知识点进行适当补充和讲解。

（三）结合网络教学平台做好课堂教学设计

数学是一门逻辑性、抽象性比较强的课程，怎样教好这门课程，是教师需要认真思考的问题。高校数学教师要想上好这门课程，既要有对课程的整体设计，又要根据每堂课的教学内容做精确的教学设计。

首先，教师要依据教学大纲的要求，明确教学目标，同时对教学内容和学情进行分析，对数学课堂教学进行宏观设计。整个教学设计可以分为三个阶段：课前、课中、课后。课前为预习阶段，教师应提前将教学课件、教学视频、在线测试题上传到构建好的网络平台，供学生提前学习和测试。课中为新课讲解阶段，教师应将重要的知识点传授给学生，并引导学生进行问题的讨论、评价。课后为知识巩固阶段，学生回顾学习内容，进行反思和讨论交流。同时，教师一定要坚持对每堂课进行教学总结和教学反思，将教学中遇到的问题记录下来，并对教学中的不足之处进行及时调整。教师还要上好每一堂课，每一堂课都要有微观的教学设计，比如要根据本堂课的教学内容，向学生提供他们更容易接受的教学资源及视频。由于一些学生的数学基础比较薄弱，教师在选择视频资源时一定要选择学生容易理解的；对学习能力强的学生，教师可以向其推荐理论性较强的课程。

其次，在高校课堂教学中，教师可以根据要教授的知识的特点，适当地加入生活元素，让学生将理论知识与实际结合起来，激发学生的学习兴趣。在添加生活元素时，教师可以对一些基本的数学概念的发展背景进行简述，让学生了解数学史；或者引导学生透过抽象的数学理论理解数学概念背后的本质，激发学生的探索兴趣。此外，在讲授概念性的知识时，教师可以由生活中有趣的现象入手，提出问题，激发学生思考问题、解决问题的兴趣。

最后，在高校数学教学中，教师要根据每堂课的教学内容提出问题，最好能结合与生活实际相关的例子，让学生觉得数学就在身边，进而提高学生运用数学知识解决实际问题的能力。教师也可以引入一些视频，让学生觉得数学课堂不是枯燥的，进而培养学生的创新能力。数学知识来源于生活，也必将应用于实际生活之中。

作为高校数学教师，我们在教学的过程中应致力于让学生体验到学习后的满足感。满足感不仅体现在分数上，教师还要让学生意识到学习数学是有用的。达成这一目标的最基本的方法就是让学生将知识应用到生活中，数学建模就是一种不错的方法。此外，教师在教学中还可以给学生播放一些数学实验演示视频，让学生感受到数学的魅力。课后，教师要提出学生下节课要讨论的问题，让学生能够在课下有一个再学习的过程。

五、"互联网＋数学"教学流程及实际教学成果

（一）"互联网＋数学"教学流程

1. 教师发布题目

教师将相关讲授资料发布到线上，促使学生自主学习，激发学生的学习兴趣；同时设置相应的问题，要求学生完成题目并将完成情况反馈给教师，督促学生提前预习。在这一阶段，教师需具备扎实的理论基础，熟练掌握网络信息技术，并能够将其应用到数学教学中。

2. 学生自学

学生可利用网络资源解决问题，将学习结果（如新的体会、难点问题等）反馈给教师。对学优生来说，这一阶段的学习难度较小，自学有助于引发他们的深度思考，而学习能力相对较弱的学生面对自主研究时则可能会遇到困难。教师要注重收集和分析不同学生反馈的问题，根据不同学生的学习水平制订下一步的教学计划（应以大部分学生的水平为根据），进一步培养学生自主学习、获取资源和解决问题的能力。

3. 课堂讨论

教师要以学生反馈的情况为依据，对课堂教学的主要内容进行相应调整，适当地改变教学方法，为学生答疑解惑，整个过程要注意以学生为主。教师在课堂教学中要检查学生的自学情况，通过课堂讨论，注意观察学生对重点知识的学习和掌握情况，在此基础上提炼相关的教学内容，并解答相关问题，通过线上线下相结合的方式布置学习作业，以督促学生巩固所学的内容。通过这一过程，学生可以找到自己的错误与不足，调整学习方法；教师可以了解学生的自主学习能力，掌握学生的学习情况，进而完善教学计划。

4. 课后反馈

学生的学习水平及学习态度不尽相同，因此其对教师讲授的内容的理解程度也不相同。学生在进行课后复习及做作业时会遇到不同的问题，这就需要教师及时答疑解惑，引导学生找到解决问题的思路和方法。鉴于高校的课时安排，教师一般很难及时对学提出的问题做出解答，而借助网络交流工具，教师便可以有效地实现自己和学生之间的及时沟通和反馈。

5. 教学评价

完整的教学过程离不开教学评价，教学评价包括学生和教师间的相互评价和师生的自我评价。一个阶段的学习结束后，学生需要从知识储备以及课堂教学效果等方面

对教师做出评价，教师需要结合学生反馈的情况及时调整教学内容及教学方法。同时，教师要对学生的学习态度、学习效果等做出客观评价，及时掌握学生的学习情况，引导并帮助学生找到适合自己的学习方法。

（二）实际教学成果

为验证本节论述的"互联网＋"高校数学教学方法的实际应用价值，笔者进行了如下实践。首先选取计算机专业的两个班级（A 班五十八人，B 班五十五人）为实验班，将该数学教学方法应用到两个班级的课堂教学中。一个学期的课程结束后，笔者通过教师反馈、学生座谈等方式进行统计调查，结果表明有 76.7% 的学生认为该数学教学方法对其数学学习起到了实质性的促进作用，有效地满足了学生的自主学习需求，学生通过研究丰富的教学资料取得了良好的学习效果。同没有使用该教学方法的班级的学生相比，这两个实验班的学生的自学能力和学习成绩得到了显著提高；同时专业教师在课堂教学中发现，使用该教学方法时，教学效率更高，教学效果也更好。

"互联网＋"对高校的学科建设影响深远，本节笔者主要对互联网同高校数学教学的有效融合进行了研究，依据大学生的心理特点及互联网的优势，对传统的高校数学教学模式进行了优化，在教学理念、教学方法和教学评价方面对高校数学教学模式进行了重构，从而实现了差异化教学，提高了学生的自主学习能力、学习成绩，教学效率也得到显著提升。可见，该教学模式有助于我们实现现代高等教育的人才培养目标。

综上所述，在"互联网＋"背景下，高校数学教师可以有效地利用网络优质教育资源，改变传统的授课模式，丰富教学内容，活跃课堂氛围，改进教学设计，以设计者的身份与学生平等对话，共同进步。同时，这样的方式还可以开阔学生的视野，激发学生学习的积极性和主动性，体现了以学生为中心的教育理念。总之，互联网的普及为高校数学教学带来了新的教学手段和教学策略，有利于高校为学生营造自由、轻松的学习氛围。

第四节　高校数学文化教育

高校课程专业性强，难度大。尤其是数学课程，本身的理论性和抽象性极强，是很多学生在学习过程中的一个难点。对数学教学来说，教师不能局限于单纯的理论知识讲解，而要教会学生用数学思维解决数学问题，帮助学生提高逻辑思维能力。数学教师应当认识到数学文化的重要性，要对其进行深层次、多角度的理解，抓住其中关键，将数学文化渗透到高校数学教学当中，帮助学生学会运用数学方法解决实际问题，进而获得更好的教学效果。

一、数学文化的内涵解析

在当前的教育活动中，高校数学教学大多局限于单纯的理论知识，舍弃了数学的文化内涵。因此，将数学文化渗透到教学之中，是我们应该关注的趋势。而对数学文化，我们可以从狭义和广义两个不同的角度予以辨析。

（一）狭义上的数学文化

从狭义的角度来说，数学文化包含的内容相对较少，主要涉及数学思想、数学方法、数学观点、数学语言、数学精神，以及这些思想、方法、观点形成与发展的过程。比如数学思想，比较常见的有数形结合思想、函数思想、类比思想等。再比如数学语言，数学界的一种专门的语言，用来表示数学关系或数学逻辑。实际上，学生需要掌握这些数学文化，尤其是数学方法和数学思想。掌握这些方法和思想，有助于学生切实提高自身的学习能力和解题能力，进而取得优异的成绩。

（二）广义上的数学文化

对数学文化，除了有狭义层面的理解之外，还有广义层面的理解。比如数学家、数学史、数学美学以及数学在其发展中与社会所产生的各种关联，都可以归入数学文化的范畴。比如数学家，很多数学观念和理论都来自数学家，这些数学家的个人思想品质与精神，可以对学生学习数学起到一定的导向作用，有助于推动学生的发展。再比如数学美，通过揭示数学中蕴含的美学元素，可以让学生感受到数学的魅力，从而产生更强烈的学习兴趣。从广义的角度来讲，数学文化包含的内容相当丰富。

总的来说，数学文化有狭义和广义之分，其内涵相当丰富。但是从教学的角度来讲，课堂教学的时间和空间都是有限的，教师不可能在有限的时间与空间中无限制地融入其他内容。因此，就要有所选择，即选择其中的重点，尤其是对学生有积极作用的数学文化，将其融入教学活动，进而提高教学效率。

二、在数学教学过程中渗透数学文化的意义与原则

（一）在数学教学中渗透数学文化的意义

对高校数学教学活动而言，将数学文化渗透进来，具有多方面的积极意义。

首先，数学文化的渗透，能够使课堂教学内容更加丰富、充实，从而起到激发学生学习兴趣的作用。单纯的理论知识讲解，容易让学生感到枯燥。在教学过程中融入数学思想、方法等内容，能够吸引学生全身心地参与教学活动。

其次，数学文化的渗透，有助于提高学生的学科核心素养。学科核心素养，是一门课程所对应的主要素养，也是学生必须具备的素养。将数学文化渗透到高校数学教

学之中，可以更好地培养学生的学科核心素养。

最后，数学文化的渗透，有助于加深学生对数学课程的认识，理解数学课程和其他专业课程之间的关系，从而使学生端正学习态度，并且逐步形成灵活运用所学知识的能力，进而提高学生的数学素养。

（二）在数学教学中渗透数学文化的原则

在数学教学中渗透数学文化，并不是简单地将数学文化引入课堂，而是需要遵循一些重要的原则，在遵循这些原则的基础上渗透数学文化教育，才能达到理想的效果。

第一，分清主次。数学教学和数学文化教育虽然相互关联，但却有主次之分。从教学活动的本质来讲，在高校数学教学活动中，数学教学处于主体地位，数学文化教育只起辅助作用。因此在教学实践中，教师要分清主次，把握数学教学这个主体，不能出现主客体地位颠倒的问题。

第二，相辅相成。数学文化的内容很丰富，在课堂上要有选择地渗透数学文化。在选择的过程中，要让数学文化和教学内容保持对应，这样才能产生积极的效果。如果选择的数学文化和教学内容无法对应，可能还会对教学活动的顺利开展造成负面影响。

第三，方式多样。在渗透数学文化的过程中，采取的方式、方法不能单一，要秉持多样化的原则，通过多种不同的方法手段，将数学文化教育和数学教学结合起来。这样才能让教学活动始终保持新鲜感，才能实现二者的有效结合。

三、在高校数学教学中渗透数学文化的重要作用

（一）有助于调动学生的学习积极性

在某些学生眼中，数学知识不易理解，而且枯燥，因此他们对学习数学没有什么兴趣。所以，高校数学教师在课堂教学过程中应充分调动学生的学习积极性，使其对学习数学产生兴趣。在课上适当引入数学文化就是一种激发学生学习兴趣的好办法。打个比方，在推导数学公式及定理时，向学生适时讲述数学家当时所处的历史背景，不但可以让课堂氛围变得更热烈，让学生感受到数学课很有趣，还可以使那些晦涩难懂的数学知识具体化与形象化，让学生开阔视野，感受到学习数学的乐趣。我国著名数学家王梓坤就说过，数学教师的一大职责是对学生学习的积极性进行调动，这相当于让他们有更多的力量与潜能去研究数学。优秀的数学教师永远给学生留有最美好的印象，究其原因，是他能够让学生更加热爱数学。

（二）有助于培养学生的逻辑思维能力

数学素质就是对数学的思考能力，也就是运算、空间联想以及逻辑思考的能力，

逻辑思考是其中的主要环节。高校数学教师在开展数学教学活动时需要激发学生的发散思维，关注学生对学习方法的掌握情况。数学对培养人们的逻辑思维能力的意义十分重大。虽然数学中的很多具象知识并不能直接应用于人们未来的工作和生活中，但这样的思维训练却让所有学习者都能够在未来就业中受益。所以，无论学生将来从事何种职业，学习数学对其而言都很有益处。

（三）有助于提高学生的创新能力

所有学科发展到今天都离不开创新二字，数学也是如此：无论是有理数、无理数，还是实数、复数、群论等，都要架构在创新的基础上。因而，数学也是一门"创造性的艺术"。我们应当挖掘数学创新的文化价值，要让学生勇敢地开拓创新，针对各种数学问题提出新的解答思路。

（四）有助于改变学生的学习方式

新课程标准提倡体验式学习、合作式学习以及自主式学习。数学文化并非看看数学书便能运用自如的，需要学生在自己原有的能力与知识储备的基础上，通过自主学习掌握其精髓。在课堂教学过程中，教师对数学文化进行渗透，能够使学生在掌握数学文化的前提下，结合数学文化解决实际问题。教师可以带动学生养成勤动手、动脑的习惯，使学生在学习的过程中能够更好地发现、提出与解决问题，进一步培养学生的自主探究能力，如此才能改进学生的学习方式，使学生在学习过程中能够真正发挥其主体作用。

（五）有助于培养学生的科学精神

日本著名数学教育家米山国藏指出，对从事与科学相关工作的人员，不能强求他们掌握过多的数学知识，但数学方法、数学思维和科学精神则是必须要有的。不论从事什么工作，数学思维与科学精神都会使人终身受益。

四、在高校数学教学中渗透数学文化的条件

（一）教师的授课能力

教师授课能力的提升分为两个阶段：一是入职前的学习阶段，二是入职后的培养阶段。在入职前的学习阶段，教师主要学习教育学基础知识和专业知识。为师者，必须要对自己的专业知识和综合素质有很高的要求，这样才能做好传道、授业、解惑的工作。学校在进行教师招聘的时候，不仅要注重教师的专业能力，还要注重教师的个人素质。教师在入职之后，不能止步不前，而要不断地去提升自己的能力，不断地去学习和改变自己；必须要时刻紧跟时代发展的步伐，了解最新的教学理念；要与时俱进，不断总结教学经验，努力培养国家发展所需的人才。

（二）学校的硬件设施

学校的硬件设施是指学校为教学活动提供的良好的环境、设备、平台等。为了将数学文化渗透到高校数学教学中，学校需要为学生和教师提供一个平台。在创建平台的过程中，学校可以采取多种多样的方法。比如，学校可以组织创建数学文化交流社团，将数学文化更好地传播出去。只有让更多的学生对学习数学产生兴趣，对数学文化有更深的了解，数学文化的渗透才是有效的。学校也可以在图书馆中提供与数学文化相关的书籍与资料，让教师和学生有更多的机会学习数学文化。

五、在高校数学教学中渗透数学文化的对策

（一）运用多元化的教学方式

在教学过程中渗透数学文化，需要更为灵活、更为多元的教学方式与之相搭配，同时要配备相应的教学内容。对此，教师可以鼓励学生采取不同的方法寻找资料，并以论文的形式记录下来，帮助学生养成良好的知识积累习惯，让学生更加积极主动地学习数学文化。

（二）介绍数学发展史

向学生讲述教学内容的相关背景，有利于加深学生对知识的理解。当学生对数学知识的背景更加了解时，他们就会更有兴趣学习数学。数学教学不但需要创新方法，还需要不断探索如何激发学生学习数学的兴趣等问题。

（三）阐明数学思想

数学教育的重要性不仅在于传授数学知识，还在于教师可以在实施数学教育的过程中培养学生的数学思维，进而提高学生的数学能力。日本著名数学教育家米山国藏指出，成功的数学教学，指的是数学方法与科学精神深植于学生的内心，同时对其生活工作产生积极的影响的数学教学。对所有的相关概念，假使把它们放在广阔的文化环境中，然后从其形成、发展与外延等视角进行解读，那么学生学好数学也就会变得简单许多。

（四）合理引入数学史、数学家的经历

德国数学家菲利克斯·克莱因认为，数学更加偏向理性，它具有发人深省、启人深思的功效。虽说部分学生对学习数学感到吃力，但他们对学习数学并未完全失去信心。假如教师将数学史与数学教学联系在一起，结合史料对数学家的生平经历加以分析，让学生理解今天学习的数学定理是无数前辈用辛勤的汗水推导出来的，学生便会更懂得珍惜，更加用功地学习。比如，在讲授伯努利大数定律相关内容的时候，通过向学生介绍瑞士伯努利家族对数学孜孜以求的精神，培养学生积极探索、不畏失败及

顽强拼搏的探索精神。所以，数学文化教学也是高校数学教学的重要组成部分，它能更好地激发学生的学习兴趣。

（五）挖掘数学文化的美学价值

数学美学也是数学文化的重要内容，数学美学的表现形式主要包括简洁美、对称美以及奇异美等。在教学过程中，教师要学会带学生领略数学的美。例如，运算、数字符号是简洁美的表现；几何图形里的诸多知识体现了对称美，如点、线、面的对称等。奇异美指的是数学拥有能够引起人们的好奇心，让人们有强烈的欲望去探索其中奥秘的魅力。很显然，教师要注重提升自身的美学素养，这样才能更好地引导学生探索数学美学，使学生懂得赏识数学之美，使其学习数学时更有动力；使学生可以借助数学美陶冶情操，达到寓教于乐的目的。当数学的某方面并没有凸显出美时，我们可以按照实际需要对其进行适当的调整。该方法就是补美法，也就是创造数学美的方法。

综上所述，要想在高校数学教学过程中对数学文化进行充分的渗透，首先要做的事情便是提升教师的数学素养，使其能够对课程内容进行优化设置，利用多种教学途径，激发学生学习数学的兴趣。此外，高校数学教师在教学过程中也需要培养学生善于发现数学美的能力，给学生一种很好的体验和感受。唯有如此，方能让学生在学习数学的过程中体会到数学文化的博大精深，从而进一步提高学生的综合素养。

第五节　高校数学德育教学

教书育人是学校的重要责任，德育是学校育人工作中非常重要的一部分。在高校数学课上渗透德育，可以让学生形成良好的道德品质，并使学生的素质得到提升，促进学生全面发展。

一、问题的提出

"师者，所以传道授业解惑也。"这句话把教师的职责和任务交代得清清楚楚。但是，当前仍有部分高校只注重知识和技能教育，而在一定程度上忽视了隐性的道德教育。正因为忽视了德育，部分学生才会产生一些不良的思想与行为，导致其人生志向模糊，甚至缺乏正确的人生观。长此以往，后果不堪设想。

实施德育不仅是学校领导、政工干部及政治类课程任课教师的工作，数学教师也有着义不容辞的责任。那么，高校数学教师怎么才能将数学教学与德育相结合，做到理论联系实际呢？本节试图通过以下内容，探究"如何在高校数学课堂上进行道德教育"的问题。

二、在高校数学课上渗透德育的重要性

首先，在高校数学课上渗透德育，是当下高等教育的发展要求。学校是学生求学的主要场所。学生因成长环境以及家庭背景不同，所以在各方面素质上难免参差不齐。数学课是高校课程重要的组成部分，是基础性的课程，在教学体系中占有重要地位。在高校数学课上对学生开展德育，对提升学生各方面的素质、实现高校的教育目标是有帮助的。因此，在高校数学课上渗透德育是非常有必要的。

其次，在高校数学课上渗透德育，是提升学生综合素养的必然要求。刚刚进入大学的学生，其三观尚未完全形成，教师在此阶段进行德育，引导学生树立正确的三观，对学生的健康发展是十分重要的。随着社会的飞速发展，各个企业对人才的要求也越来越高，不仅要求人才具备过硬的专业素质，还要求人才具备爱岗敬业以及诚实守信的品质。在高校数学课上渗透德育，对培养学生的这些品质具有积极的作用，有助于学生毕业后顺利择业。

三、在高校数学教学中渗透德育的原则

（一）有机整合原则

在高校数学教学中，想要渗透德育就需要把德育的大纲与数学教学的内容相结合，让德育原则渗透到高校数学教学中去。高校数学教学的内容主要分为微积分学、代数学、几何学等几大类，主要涉及一些理论知识与解题技能。学习这些课程，学生需要具备一定的抽象思维能力、逻辑推理能力、空间想象能力、运算能力。这就需要教师在教学过程中把握好德育与数学教学之间的联系，在保证教好数学知识和培养学生学习能力的同时，有效地渗透德育。比如在教学方法上，可以选取德育与数学教学之间相通的点对学生进行德育，让学生可以在学习中接受德育。

（二）循序渐进原则

这一原则在德育与数学教学中是相通的，因为学生在不同阶段的心智、兴趣与思考方式存在较大差异。这就需要教师在教学过程中根据循序渐进的原则，结合实际情况有针对性地渗透德育，让学生可以自然地接受德育。

（三）情感原则

无论是在什么学科中，德育渗透都与情感投入有着不可分割的关系。这就需要教师在给学生讲解数学知识的同时，投入一定的情感。通过这样的教学方式，可以使教师与学生产生情感上的共鸣，让学生愿意配合教师的工作，积极地参与课堂教学活动。

四、如何结合数学教学培养学生良好的道德品质

（一）通过榜样的力量进行德育渗透

心理学研究表明，榜样对青少年具有很大的感染力和说服力，好的事例和故事能帮助学生树立崇高的理想、增强学生的奋斗意识。因此，教师可以在教学中讲述一些榜样人物的故事，如华罗庚幼年时虽未接受过正规教育，可他通过艰苦努力，自学成才，为数学事业做出了巨大贡献；著名数学家陈景润顽强拼搏，在"哥德巴赫猜想"的征途上遥遥领先。另外，教师还可以向学生介绍中国古代的数学成就，如祖氏公理的发现早于世界其他国家一千一百多年，杨辉三角的发现先于其他国家近四百年，祖冲之对圆周率 π 值的计算、负数的使用、方程组的解法都比欧洲早一千多年；也可以谈谈为什么教材上的许多数学定理都是以外国人的名字命名的，从而帮助学生树立艰苦奋斗、努力拼搏的意识，树立崇高的理想，让学生珍惜受教育的机会，端正自己的学习态度。

（二）通过创设教学情境及时进行德育渗透

数学教材中的许多内容都是对学生进行世界观教育的好材料，在数学教学过程中，只要我们用心思考，就可以通过创设教学情境及时进行德育渗透。

怎样对待数学难题？不同的人会有不同的回答。解数学题必须在满足定理、公理的条件下进行，否则将不能得到正确的结果。解题时对这种对规则的遵守是绝对的、无条件的、不能打折扣的，忽视这些条件的约束是要受到"惩罚"的。这一道理反映到生活中就是做事之前要理解规则，这些规则可能是一些程序、纪律、法规等。总之，数学所折射出的对理性的追求在日常生活中有很多体现，在数学课堂进行德育渗透，可以培养学生正确的世界观、人生观。

（三）将数学知识与人文精神相结合进行德育渗透

"人文"一词最早出现在《易经》，它包含两方面意思：一是"人"，一是"文"。现代人文精神的实质是指以人为本，强调要尊重人，充分肯定人的价值，重视文化教育，提高人的素质，树立高尚的道德追求，使人得到全面的发展。

数学课中的人文因素是相当丰富的。当前，高校数学教学的主要目标是让学生掌握基本知识和技能、技巧，人文的成分比较少，学生只能在数学世界的内部看问题，眼界不开阔，不会运用数学中的基本思想、方法处理社会问题，也不会"从数学的角度看问题"。因此，把数学中具有人文价值的内容、思想、方法揭示出来，通过不断地摸索和提高，让学生学会以数学知识为载体认识客观世界是十分有必要的。

五、通过教师的道德示范作用提高学生的道德品质

教师的一言一行、方方面面都会受到学生的关注。著名教育家陶行知先生曾说:"先生不应该专教书,他的责任是教人做人;学生不应该专读书,他的责任是学习人生之道。"唐代文学家韩愈在《师说》中也把"传道"定位成教师的第一责任。道德是极具感染力的,教师的点点滴滴都在影响学生。"学高为师,身正为范"应该是我们作为教师的职业使命,我们要言传身教,让学生成为一个充满正能量的人。高校数学教师应该坚持正确的政治方向,具有高尚的思想品质和崇高的精神境界;应该具有丰富的数学专业知识、乐观向上的精神、甘愿为学生奉献和服务的态度。孔子云:"其身正,不令而行。其身不正,虽令不从。"一个道德品质高尚的教师必定能用自身的感召力影响学生,帮助学生提高道德品质。随着学生道德修养的提高,全社会的道德水准也会随之提升,这是一件具有深远意义的大事,值得我们每一位教师去努力和奋斗。

第二章 高校数学教学模式及教学方法

第一节 高校数学主体性教学模式

数学作为一门自然科学，与其他学科相比，学习起来具有较大难度。高校数学与中学数学相比，难度更大。要想提升高校数学教学效率，必须要激发学生学习数学的内动力，突出学生在数学学习中的主体地位。高校数学主体性教学模式正是以确保学生的主体地位为基础进行的教学尝试与探索，将数学课堂交给学生，让学生成为课堂的主角，充分发挥学生在教学活动中的主体作用。

一、高校数学主体性教学模式概述

主体性教学模式是指以教师为主导、以学生为主体、以学习活动为中心的一种教学模式。高校数学主体性教学模式践行"以生为本"的教学理念，体现了素质教育的要求。它改变了传统数学课堂的教学模式，将课堂还给了学生，有助于激发学生学习数学的潜能，激发学生学习数学的兴趣等，致力于培养学生的数学素质，打造真正的生本课堂。

二、高校数学主体性教学模式的构建原则

要发挥高校数学主体性教学模式的优势，必须遵循一定的原则。首先，高校数学主体性教学模式的构建要遵循主体性原则，即将学生当作课堂学习的主人，采取有效措施激活学生的主体意识，激发学生的学习潜能，使学生将学习内化为自身的发展需求；其次，要遵循活动性原则，学生的主体地位需要借助学习活动与学生之间的互动来实现，因此高校数学教师必须遵循活动性原则，精心设计教学活动；再次，合作性原则，合作学习是高校数学教学中比较常见的一种学习形式，开展合作学习有助于提升学生的合作能力，加强学生之间的学习互动；最后，教师要遵循创新性原则，创新是数学教学的灵魂，只有不断创新，才能有效提升学生的数学思维能力。

三、高校数学主体性教学模式的应用策略

（一）激发学习兴趣，使学生自主参与

在应用高校数学主体性教学模式时，高校数学教师必须做到有效发挥学生在学习过程中的主体作用，让学生学会自主学习。

首先，创设情境，激发兴趣。高校数学教师要善于根据学生的数学基础，优化数学学习情境，改变传统数学教学单调乏味、脱离学生生活的现状。通过创设教学情境和为学生学习数学构建情境，激发学生的学习兴趣，从而使学生自主参与到数学学习中，充分发挥学生的主观能动性。

其次，诱发动因，自主训练。学生的学习需求是增强主体性教学模式应用效果的重要内因，这就需要高校数学教师根据学生的认知特点与数学教学内容，改进数学教学方法，发挥数学问题的载体作用，激发学生的自主学习意识，有效突出学生在学习中的主体地位。

（二）优化活动设计，使学生全程参与

高校数学主体性教学模式以确保学生的主体地位为基础。这就需要高校数学教师不断优化课堂教学活动，为学生创设良好的学习环境、搭建学习平台，确保学生全程参与。

首先，精心设计教学活动。高校数学教师要从重视"教"的设计向注重"学"的设计转变，精心设计教学活动，充分发挥教师的主导作用，以学情特点与数学教学内容为基础，紧紧围绕学生的学情开展活动，留给学生充足的时间，让学生手脑并用，充分发挥学生的主观能动性。

其次，拓展学习的时间和空间。数学学习活动设计，必须要以足够的时间与空间为保障，高校数学教师要根据数学教学需要进一步拓展学生学习的时间与空间。在学习时间上，教师要突破课堂束缚，将学生的学习活动向两头延伸，重视课前学习活动中对学生的指导与课后学习活动中的知识巩固；在学习活动空间上，要打破课堂环境的制约，将数学学习向生活、社会等领域扩展，为学生创设更加宽广的活动天地。

（三）推动全面合作，提高学生的参与度

高校数学主体性教学模式的应用离不开合作学习，推动师生、生生合作，这样才能增加数学课堂的活力，促使学生之间进行深入的思维互动，提高学生的数学思维能力。

推动师生合作。师生合作是合作学习的主要形式之一，通过师生合作学习，能够有效凸显教师和学生在数学课堂上的"双主"地位，即以教师为主导、以学生为主体，

通过师生合作，实现教学相长，使教师在实践中不断改进教学方法，使学生在教师的引导下及时调整学习思路等。

促进生生互动。生生合作是高校数学课堂上最常见的教学形式之一。教师可以根据教学需要，开展生生合作学习活动，引导学生探讨自主学习过程中难以解决的问题，促进学生之间的互动，在生生合作中培养学生的团结协作能力，构建全员参与的主体性教学模式。

总之，高校数学主体性教学模式致力于提高学生的数学素质，培养学生的自主学习能力、创造能力与良好的学习习惯。高校数学教师要以主体性教学模式为基础，加强实践探索，不断优化课堂教学模式，不断完善主体性教学模式，全面提高高校数学教学效率。

第二节　高校数学教学模式

大学数学课涉及的教学内容比较抽象，而且概念和定理较多，对学生的逻辑分析能力、想象力的要求较高。传统的高校数学教学模式主要是以教师为主体的理论灌输式教学，不利于学生对高等数学知识的吸收与消化。因此长期以来，部分高校的数学教学都面临着师生互动较少、课堂氛围不佳、教学效果较差等问题，亟待通过教学改革，提出新的教学模式，进而提高教师的数学教学水平。

一、传统高校数学教学模式存在的问题

（一）师生互动较少，教学内容固化

1. 盲目地重视理论灌输

从当前的高校数学教学模式来看，尽管高校处在教学改革不断深入的大背景下，但是大多数高校仍然采用比较传统的教学模式，特别是对一些比较复杂的计算公式和推理，这就导致很多抽象的定理、公式被"僵硬"地传授给学生。很多时候，一节课下来，学生几乎无法掌握在课堂上所学的内容，而且讲解复杂的定理和公式占用的课堂时间较长，教师与学生之间的问答互动较少，师生之间缺少交流。

2. 固定不变的教学内容

对一般的高校数学教师来说，其教学的重点是高等数学基础理论，对高等数学在生活中的实际运用、与相关学科之间的关联等教学内容的重视程度不够，这就导致基础知识教学在课堂教学中的占比较大，实践应用类课程占比较少。而对部分学生而言，学习数学课程是为了拿到学分和应付数学考试，这种思想显然不利于培养学生的数学

应用能力。

（二）教学方法及教学内容缺乏创新性

目前，部分高校引入了一些现代化的教学方法，例如 PPT 课件展示教学、微课教学等。但许多高校运用这些教学方法后，并没有取得良好的教学效果，部分高校仍然没有完全摆脱以教师为主的教学模式。

教学内容过于陈旧，缺乏创新。大多数高校使用的数学课本和数学教学大纲都比较固定，这就导致教学过程比较生硬死板，不能针对学生的特点进行差异化教学，甚至导致部分学生对学习数学失去兴趣。

二、高校数学教学模式的创新建议

（一）积极转变传统的教学模式

所谓"以学生为中心"就是将课堂还给学生，强调和注重学生在课堂教学中的主观能动性，如通过一些教学互动，让学生主动参与到课堂探讨中，或者通过一些启发式的教学手段，引导学生思考，培养学生的逻辑思维能力等。转变传统的教学模式，可以采取以下措施。

1. 运用"学案式"教学模式

具体来说，学案式教学模式包括"导入—展示—自主学习—交流—问题引导—习题训练—测试—分层作业"八个环节。在学案式教学模式中，学生在整个课堂教学过程中的地位非常重要，从自主学习到生生之间的相互交流，都是以学生为中心的。这种教学模式有利于提高学生的自主学习意识。该模式中的问题引导、习题训练及测试等环节，则是教师针对集中存在的问题对学生进行教学引导的环节，也体现了教师对学生的重视。最后的环节是分层作业，该环节体现了"因材施教"的教学原则，为不同层级的学生设计不同的课后作业，能够促使不同学习成绩的学生共同进步。

2. 高校数学课程教学设计创新

高校数学教材中的定理和公式较多，而且内容的逻辑性较强，学生不容易理解。例如，《高等数学》作为各大高校的必修课之一，课时安排比较紧张，知识结构过于紧凑。一堂课下来，许多学生根本不明白这堂课到底讲了什么，学了什么。这就需要教师尽快地改变传统的教学设计思路，重新安排教学内容，这样才能够更好地提高课堂教学效率。具体来说：一要结合学生的兴趣和对知识的接受程度调整教学内容。引入微课、慕课等教学形式，了解学生对教学内容的掌握情况，进而在课堂教学中进行有针对性的讲解。同时通过课后习题反馈、测试评估，发现学生普遍存在的问题，巩固学生的基础理论知识。二要合理引入讨论式教学模式。传统的高校数学课堂过于枯燥，缺乏有效的课堂互动，这就需要教师运用一些可以活跃课堂氛围的教学方法，如讨论式教学，让学生自由探讨，将学到的理论知识运用到实际的课题讨论中，并对讨论结果进行分析。

总之，学案式教学模式、讨论式教学模式以及微课等，能够弥补传统的单一的理论教学模式的不足，保证学生在课堂中的主体地位，同时在有效的课堂互动的氛围下，更好地提高教学效率。

（二）引入"以学生为中心"的教学法

在高校各学科都在进行教学改革的背景下，高校数学教学方法呈现出多样化的特点。而具体到"以学生为中心"的教学方法，则主要有分层教学和合作学习两种。对这两种方法的引入，具体建议如下：

1. 采用分层教学法

所谓分层教学，就是根据学生的个体差异进行分层次教学，也可以说是因材施教。通常来说，学生学习数学知识的能力存在较大的差异，这就需要教师采用分层教学的方法，针对不同学习层次的学生设置差异化的教学方案。需要注意的是，在运用分层教学法教学时，应该强调课下辅助教学工具的运用，如网络教学互动平台、两微平台等。针对教学内容设置不同层次的课后作业，让学生可以针对自身的学习水平自主选择课后作业，这样既能够达到分层教学的目的，也可以使不同层次的学生跟上教学进度。

2. 注重课堂教学中的合作教学法

"以学生为中心"的教学主张，不仅要求师生之间能够进行有效的互动，同时还要求学生之间能够充分交流。具体到课堂上，即教师在进行课程讲解的过程中，可以对学生进行分组，然后让各小组以组为单位对某一课题进行讨论，讨论时间控制在十分钟左右，然后总结讨论结果。这种教学方法不但可以促进学生之间的交流，而且也有利于学生掌握更多的解题思路，有利于培养学生的逻辑思维能力。这种小组合作的教学方法还可以延伸到课后训练中，如对一些有深度的课题，小组成员可以在课下进行简单的探讨，并在下一节课上进行小组集中探讨与总结。这样教师就能够在课上、课下全面地调动学生的学习积极性。

3. 课前引入问题，提倡使用启发式教学法

在课程教学开始之前，教师可以引入一些生活现象、科学知识，由此提出问题，让学生带着问题学习，这样有利于学生在课堂上集中注意力。使用这种启发式教学方法时，教师需要在教学中把握"设置疑问—寻找线索—答案解析"三个环节，这样才能够让学生由点及面地掌握课堂教学内容，帮助学生打开解题思路。需要注意的是，教师应该将启发式教学与合作式教学、学案式教学相结合，灵活地运用，这样才能够充分发挥这些教学方法的作用，获得最佳的教学效果。

通过上文的论述可以看出，只有充分调动和激发学生在数学课程教学中的主观能

动性，培养学生的自学能力，引导学生将理论知识与数学实际应用相结合，感受生活中的数学魅力，才能让传统的数学课堂"活"起来，实现有效的课堂教学互动，进而实现高校数学课程教学改革的目标。

第三节　新媒体支持下的高校数学教学模式

新媒体技术充分发挥了网络的优势，为人们提供了更加便利的生活方式。目前，许多高校的数学教学手段仍较为传统，这对提升学生的综合素质是十分不利的。利用新媒体的优势对数学教学模式进行创新，为学生提供多元化的教学资源，有助于高校真正发挥出自身的教学优势。

一、开展新媒体数学教学的背景及现状

传统的媒体传播主要采用点对面的方式，传播者与受众之间无法实现高效的互动。与此相比，新媒体的传播方式则发生了巨大的变化，它可以实现面对面、点对点等多样化的信息传播，并能够借助互联网传播视频、文字等多种类型的信息。新媒体的传播方式具有人性化、灵活性、互动性等特点，且越来越受大众的欢迎。

目前，新媒体在原有的社交软件的基础上，构建起新的沟通方式，帮助师生实现远程沟通，提高教学效率。此外，移动设备的加入也极大地提高了教学的灵活性，学生可以随时随地进行学习。

数学知识本身具有抽象性的特点，要学好数学就需要学生具备良好的逻辑思维能力。但目前，部分高校的数学教学仍以记忆教学为主，教师试图用一支粉笔、一块黑板外加一段幻灯片来教授抽象的数学知识，其难度可想而知。新媒体可以实现信息资源的转化，为学生带来更加直观的视觉感受，同时使课程内容变得更加清晰、有条理。新媒体也可以实现师生之间的实时沟通，教师可以及时得到学生的反馈，以此为依据布置学习任务；学生对知识的了解也更加深入，逐渐形成系统的知识体系。

从当前高校互联网发展的情况看，互联网信息技术在校园中已经呈现出一定的普及发展态势，但是大部分高校数学教师尚未认识到互联网教学的重要性。因此，互联网教学辅助功能在数学教学方面发挥的效果并不理想，借助新媒体技术优势对数学教学模式进行的创新工作也尚未得到广泛开展。高校数学教师应该高度关注新媒体支持下的数学教学模式创新工作，为高校数学教学质量的提升以及学生数学综合素养的培养奠定坚实的基础。

二、新媒体支持下高校数学教学模式的创新

（一）前期准备工作

做好前期准备工作是保证教学模式创新的基础，高校必须高度重视。教师应首先对新媒体辅助数学教学模式进行可行性分析，然后对新媒体支持下的数学教学主题加以确定，进而制订科学的计划并逐步安排好后续工作。在前期准备工作中，教师首先要对高校数学教学情况以及学生对新媒体教学的接受度进行调查。然后，教师要对数学教学课程的内容、学生的兴趣爱好及各专业对高等数学知识的需求情况等多种因素进行分析，在此基础上确定教学主题，制定教学大纲、制订教学计划，在保证基础教学全面性的前提下，借助新媒体，采用学生喜闻乐见的教学形式逐步开展具体的教学活动。

（二）教学活动的开展

教师在做好前期教学规划的基础上实施教学方案，对学生进行科学的数学教学指导。学期初，教师应建立学委 QQ 群（以下简称"学委群"），并在首节课上公开自己的 QQ 号，为日后开展教学活动做准备。教学活动的开展主要分三个阶段：课前预习阶段、课堂教学阶段以及课后提升阶段。

在课前预习阶段，教师可以提前一天借助学委群发布教学主题、目标、重难点及教学环节安排等，使学生能够提前参与到教学活动中，做好学习准备工作，从而充分调动学生的学习积极性，增强学生学习的自信心，为凸显学生的主体地位创造条件。然后，学委将收集到的预习难点反馈给教师，教师有的放矢地调整次日的教学内容。在这一阶段，教师只"发任务"和"收难点"，不过多参与，让学生以自己的方式进行自主学习。

新媒体环境也是教师不断提升自我、改善教学现状的有效途径。在传统教学模式中，新教师只能在本校听老教师的课。此种学习方式效率较低，而且局限性较大。现在，有了爱课程、慕课、网易公开课等教学平台，新教师可以向全国乃至全世界的名师学习，快速汲取前辈们的教学经验。这对新教师而言是个非常好的提升自己的途径。另外，新教师还可从海量的网络教学资源中，去粗取精，给学生提供优质的学习资源。

在课堂教学阶段，教师可以根据课前收集到的难点选择适当的教学方法，充分调动学生的学习积极性，解决难点问题，并引导学生多角度分析数学知识，强化学生的学习效果。

在课后总结提升阶段，教师可以通过学委群发放本次课程的相关教学资料，并由学委通过群及时收集本次课程中学生存在的问题，由教师从中挑取普遍存在的问题，并及时以文字方式或视频方式为学生解答。

以"导数的概念"一课为例：教师可以先在课前预习阶段借助新媒体技术向学生发布教学实例，为学生布置特定的学习任务，让学生结合教学实例独立总结导数的数学内涵，对导数的概念形成初步的理解。同时，教师可以通过学委群反馈的信息，大致了解学生课前的预习情况。其次，在课堂教学阶段，教师要结合前期计划开展教学活动，让学生展示课前预习阶段的独立学习成果。教师在总结学生学习成果的基础上提出导数的概念，并采用适当的教学方法加深学生对导数概念的理解。最后，在课后总结提升阶段，教师可以通过学委群上传本次课程所用的教学课件，布置作业，并要求学生利用导数的概念尝试推导导数的四则运算法则和相关公式，为下一节课的教学做准备。

（三）教学活动的拓展

笔者所在教研室从学院层面出发，面向全院学生建立了两个公共QQ群，主要由学生负责，配备指导教师，将数学学习中层次接近、志同道合的人集合在一起，让他们通过网络切磋问题、共享资料、组织活动。接下来，笔者还打算建议教研室建立数学建模群及互助群，让有志于数学建模的学生能够找到志同道合的小伙伴。

笔者认为教师还可通过QQ空间、微信朋友圈等与学生进行情感层面的交流，关注学生的心理动态，发布正能量的文章，让学生有所感悟。

以上是新媒体对学校内部层面的教学工作的辅助方法。其实，新媒体在各个高校的沟通交流上也起了很大的作用。比如，笔者加入的省级层次的教学群：江苏省高校数学教研会、江苏省微课教学比赛群等，在各校之间进行的教学经验交流、各项赛事的组织上，发挥着不可忽视的作用。

本节结合高校学生学习数学的特点，探讨了新媒体时代下，高校数学教学模式的改革思路。但是要想在新媒体的支持下对高校数学教学模式进行全面深入的改革，还应当进行更深层次的探索，逐步完善高校数学教学模式，保证高校数学教学的质量。

第四节　高校数学小组教学模式

以学习小组为基础的教学模式是对原有教学模式的升华，它通过学习小组的方式将能够提高教学效率的方法和策略进行整合，从而达到提高教学质量的目的。在讲授"空间解析几何"一课时，笔者采用了以学习小组为单位的教学模式，经过三年的尝试和研究，发现这种教学模式能够极大地提高学生听课的积极性，同时能够促使学生在课上和课下进行讨论和探究，从而达到"共识、共享、共进"的目标。该教学模式也适用于《数学分析》《高等代数》《高等数学》《线性代数》等大学数学基础课程。以下是具体的实施方案，仅供同人参考。

一、学习小组的建立

建立学习小组是开展以学习小组为单位的课堂教学活动的前提。只有将小组成员合理分配，对课堂座位进行合理安排，才能营造出良好的课堂讨论氛围。下面从组长选择、组员选择和座位安排三个方面介绍如何建立学习小组。

（一）组长选择

在建立学习小组前，首先需要在班上选出一批小组长。小组长可通过自荐和推荐的方式选出，但需要其具备较为扎实的数学基础并能热心帮助同学，更重要的是要有乐于助人的品质。有一批得力的小组长，是开展合作学习的重要保证。

在确定小组长后，教师首先要有意识地培养小组长们组织小组活动的能力，如怎样在课堂上组织成员进行讨论等。其次，要教育小组长们勇于承担责任，消除同学间的隔阂，这样有利于小组合作和发挥团队的力量。

（二）随机选择组员

学习小组除一名组长外，一般还包括四位或六位组员。教师可以通过计算机程序为每个小组随机分配组员。在这里，我们不提倡按学生的成绩或学生的自主意愿进行分组，因为按成绩分组，会使学生产生一种抵触情绪，不利于日后学习小组开展活动；如果按学生的意愿自主分组，那么就会导致小组间的学习资源分配不均，更体现不出学习小组合作学习的优势。因此，可采取随机分组的方法，这样能够较好地体现学习小组间资源分配的公平性和公正性，又有助于提高小组间的竞争意识和组员的学习积极性。

（三）座位安排

在分配好学习小组成员后，为了更好地发挥小组在学习上的优势、方便组员间的讨论，合理安排座位是很有必要的。如果任由学生随意就座，那么课堂上的学习小组活动将成为一句空话。因此，我们要将每个学习小组成员的座位集中在一起。当然，座位的安排要以教室座位的实际布局为基础。组与组之间以每节大课为周期，进行一次由前向后的座位轮换，而同一小组成员间的座位则可以自由调动。值得一提的是，在实际教学过程中，以小组为单位的座位安排，使学生们听课的积极性有了很大的提高。

二、课前预习指导

预习是指让学生在课前阅读教材，初步了解新内容，为新课顺利扫清障碍。教师可在每节课上课前布置具体的预习任务：复习新课中出现的已学概念和定理，并仔细阅读教材；初步理解新课的基本内容和思路；找出书中的重点、难点和自己感到费解的地方；尝试性地做一做新课中的例题和部分练习题，不会做的部分可以再预习，也可记下来，在教师授课时注意听讲或在小组活动时提出来。

三、课堂教学

（一）复习旧知识和引入新课（五分钟）

为了在课堂教学中有效地启发和引导学生学习新知识，教师需要帮助学生巩固已学的相关知识。从心理学的角度分析，旧知识容易记忆，易于启发学生思考，容易使学生受到鼓舞。因此，用旧知识引出新知识的教学方式更容易让学生接受。

（二）讲授新课及答疑（二十五分钟）

教师要把握好授课环节，教学内容要有层次，教学思路要清晰，教学方法要恰当，这样才能达到事半功倍的效果。

在授课过程中，当学生暴露出薄弱的地方时，教师应及时加以引导和纠正。同时，学习小组要创造平等、和谐的气氛，给每个学生都提供想一想、说一说、试一试的锻炼机会，使学生敢于怀疑、敢于提问、敢于发表与别人不同的见解。

在"提问"和"答疑"的过程中，教师要发现学生的不足，再借助小组的集体智慧解决问题。对学生无法解决的问题，教师可顺着学生的思路对其加以引导，最后再让学生自己总结关键步骤。这样有利于提高教学效率，达到教学目的。

（三）课堂练习（十二分钟）

练习是课堂教学的延伸，也是师生进行信息交流的一个窗口。巧妙设计课堂练习能有效提升数学课堂的教学质量。因此，练习内容要做到由浅入深，由易到难，做到环环紧扣，逐步提高。教师既要设计一定数量的基本练习，又要设计一些变式习题，以沟通新旧知识，拓展学生的解题思路。

（四）总结归纳及布置作业（三分钟）

一小节课的学习结束后，小组长要组织成员对课堂中学到的知识进行小结和归纳，做到"回头看"。对作业布置，教师可以在作业的形式上，进行多样化和个性化设计，如设计必做题、选做题和探究题。学生可以根据自己对知识的实际掌握情况进行选择。

四、课后辅助教学

在注重课堂教学的同时，教师也要引导学生做好课外学习规划，以帮助学生巩固所学的知识。我们采取的课后辅导手段如下：

（一）每一章的知识点需要"口述"

教师在讲授完一章内容后，列出该章的知识点清单，由小组长利用课余时间将组员们召集在一起，口述知识点或默写公式。这样能帮助学生系统地回顾这一章的知识，更容易让学生产生学习的成就感。

（二）章节小测试

完成一章或两章的学习后，教师可安排一次闭卷测试，测试分数不涉及该学科的综合成绩，这样能更全面地了解学生对知识的掌握情况。教师可根据学生对知识的掌握程度进行命题，测试由班长利用晚自习的时间组织学生进行。阅卷和讲评工作由小组长负责。对大部分同学都有疑惑的考题，教师可在课堂上进行分析和讲解。

（三）利用 QQ 群进行课余辅导

如果一部分同学没有掌握好某个知识点，教师可利用 QQ 群的照片发送功能和对讲功能对知识点进行专门讲解，学生在寝室就可以反复地听，极大地提高了学习效率。

（四）小组间的知识点抢答赛

组织小组间的比赛能增强小组的凝聚力。教师要营造小组间"你追我赶"的学习氛围，同时也能更好地督促学生掌握所学的知识点。

在采用以学习小组为单位的教学模式的过程中，教师的任务就是要创设让学生产生合作需要的情境，使学生体会到"不合作就解决不了问题，合作是解决问题的关键"的真谛，逐步培养学生的合作意识和合作能力。

笔者连续三年的空间解析几何教学实践证明，在课程教学中运用以学习小组为单位的教学模式不但可行，而且教学效果明显增强，学生的学习积极性明显提高，期末考核的优良率稳步提升。

第五节　高校数学翻转课堂教学模式

随着互联网和移动通信等网络技术的快速发展，依托于网络学习视频的翻转课堂受到了教育工作者的广泛关注。翻转课堂是通过学生在课前观看视频进行自学和师生在课堂上探讨的形式完成知识和技能的获取的，具有传统教学模式无法相比的优势。近年来，不仅中小学教育，世界各地的大学课堂也在尝试运用这种新兴的教学模式。翻转教学更加注重师生之间与生生之间的探讨和交流，注重针对知识点提出问题。当提出的问题被解决之后，学生自然地获得了新的知识，就这一点而言，问题也是获取知识的媒介。显然，在翻转课堂教学模式下，课堂提问被赋予了更重要的地位。

一、高校数学翻转课堂的内涵

翻转课堂是学生利用碎片化时间完成自主学习的一种方式，教师可以利用这种方式将课堂转变为师生之间交流、互动的场所，通过课外学习、独立思考、课上交流互动的方式，提升教学效率。

翻转课堂中的"翻转"一词，是指教师不再占用课堂时间来讲授知识，课堂变成了教师与学生之间、学生与学生之间互动的场所，互动的内容包括答疑解惑、合作探究、完成学业等，从而达到更好的教育效果。通过这样的方式，教师可以为学生创造更多的自主学习、自主探索的机会，促进学生学习能力的全面提升。

二、翻转教学模式下培养学生问题意识的重要性

问题是探索未知的阶梯，问题的解决意味着知识、方法的积累和思维的升华。但是，问题并不是自然地从人脑中产生的，没有问题意识的人不能自觉地寻找问题、发现问题和解决问题，而仅仅是被动地接受知识。被动得到的知识是僵化的，它既不能有效地指导实践，也不能再生出更多的知识。学生只有具有问题意识，在探索研究的过程中，不断地更新思路和方法，才能真正地、不断地进步。

提问是培养学生问题意识的一种重要且有效的方法。在翻转课堂教学模式下，提问更是必不可少的环节。通过教师提出问题、学生思考讨论的方式，学生会逐渐重视提出问题这一环节，明白"提出一个问题往往比解决一个问题更重要"。提出问题是探究未知的开端，而对未解问题的不断探索，寻求各种解决方法，才是获取知识的必由之路，从而将师问生答的能力转化为学生自己发现问题并解决问题的能力，进而提高学生的自学能力。

三、翻转教学模式下高校数学教学课堂提问的必要性

在我国，中小学教师普遍比较重视课堂提问，这是值得肯定的。但课堂提问在高校数学教学中却受到了冷落。客观方面的原因是，数学在许多专业中是作为公共课程开设的，学生多，课时少，学生不重视。教师赶课时，课堂提问这种课堂教学的辅助手段大多就被放弃了。主观方面的原因是，很多教师认为大学生的自学能力和自觉性都很高，大学教师就应该一节课讲十几页内容。学生大概听一听，课后再自己复习和消化。他们认为如果大学教师还像中小学教师那样提问，就太幼稚可笑了。然而，问题是驱动探究式学习的首要因素。合理有效的课堂提问不但能够使学生的思维得到锻炼，心智得到开启，而且还能调节课堂气氛，增进师生之间的情感。

在有效的翻转课堂中，每一个优秀教师都应该掌握课堂提问的必要技巧，在这一

点上，大学和中小学并无区别。如果教师在翻转课堂中忽略了课堂提问，那么不但会弱化课堂教学的功能，还会降低学生的学习效率，而且难以激发学生对自主式、探究式学习的兴趣，无法起到培养学生逻辑思维能力和抽象思维能力的作用。

四、翻转课堂的应用探究

传统的高校数学教学通常以知识的传递为导向，学生在数学课堂上基本都处在被动学习的状态下。翻转课堂不一样，翻转课堂教学模式更强调学生主动学习，学生需要根据教学视频主动地学习，主动地发表意见，并且主动地与同伴进行深入研究与讨论，进而主动地提升自己。这种教学模式是一种非常典型的个性化教学模式，学生通过自主学习来掌握数学知识，更容易实现对所学知识和技能的内化和迁移，教学效果更为理想。

翻转课堂在高校数学教学当中的运用可以按照如下思路进行。首先，将数学教学的过程划分为三个学习场景，分别是课前、课上以及课后。教师和学生要形成学习共同体，在三个场景当中进行有效的互动和交流，以此来提高数学教学的效率。

在课前，教师将教学当中的重点、难点或者是关键的教学环节制作成教学视频，这些教学视频要能够适应不同的场景。教师最好将教学视频设计成慕课，当然也可以直接在网络上寻找合适的教学视频，比如"中国大学 MOOC（即慕课）"网上就有上千门精品课程。这些课程可以直接使用，学生可以在慕课网上实名认证并在线学习，教师也可以将慕课网上的教学视频下载下来作为教学资料在课前推送给学生。当然为了尽可能地贴近学生的实际，教师自己制作教学视频是最佳的方式。

课堂教学活动中最重要的部分是对数学知识和技能的实际应用训练。教师可以围绕实际生活中的具体问题，让学生用数学方法解决问题。

数学建模是运用数学工具解决实际问题的重要手段。数学教学不仅仅要为学生讲授数学知识，还要培养学生运用数学知识解决实际问题的能力。在课堂上，教师不仅要依托数学建模来提高学生应用数学的能力，更重要的是，要利用数学建模这种实践性较强的方法让学生认识到，现实生活中的许多问题都可以用数学的方法来进行定量分析。让学生学会用数学的方法解决实际问题，比让学生死记数学公式、定理更有价值。如果学生在解决问题或任务的过程中遇到了困难，教师可以适当地向学生提供帮助，同时也可以由学生自己观看教学视频，从中寻找答案，甚至是在网上、在图书馆中寻找答案，即尽可能地让学生自己解决问题。这样一来，学生对数学知识和技能会掌握得更牢固。

在课后，学生可以反复看教学视频，反复跟着教学视频或者教学资料去练习，直到熟练掌握相应的知识为止。如果学生感觉有余力，可以向教师申请学习一些难度更高的数学知识，这样可以满足不同层次学生的学习需求。

高校数学教学活动不能仅仅传授数学知识和数学技能，更重要的是要传授学习数学的方法，培养数学素养，让学生能够用数学来解决工作和生活当中遇到的实际问题。为了达成这样的目标就必须改革、创新教学方法。在本节当中，我们探讨了翻转课堂在数学教学中的具体运用方法。从实践结果来看，翻转课堂对提高高校数学教学质量具有非常高的价值。

第六节　高校数学混合式教学模式

数学教学是高校教学内容的重要组成部分，高校数学教师不仅要关注学生的学习成绩，更要把关注的重点转移到数学的实践应用上来。教师要逐渐摆脱传统教育模式下僵化的教学方法的束缚，不再只关心考试分数，而学会运用更加丰富的教学模式并发挥其优点。在混合式教学模式中，教师要充分发挥学生在教学活动中的主体作用，发挥不同教学模式的优势，更加高效地发挥教学资源的作用，提高课堂教学的效率。

一、混合式教学模式的含义

与传统的教学模式相比，混合式教学模式具有更强的创造性和策略性。它在教学的方式方法上更加开放，能够容纳更加复杂的教学内容与教学目标，可以使不同的教学策略实现优势互补、有机组合，同时它吸收了新型教学模式，能够加速教学方式的升级，快速提高教学质量。教师在运用混合式教学模式的过程中，首先要调查和分析不同学生的个性化学习需求，将学生作为教学的主体来进行教学设计，积极促进教学与实践相结合，为学生提供更多的实践机会和学习途径，让学生将在课堂上学到的知识运用到实际工作和生活当中。在教育模式不断革新的时代，高校数学教学也要紧跟时代发展的步伐，不断满足学生多样化的学习需求，改变传统教学模式中低效、枯燥、错误的部分。同时，教师也要针对学生的特点发掘学生的学习潜力，为学生提供个性化的学习条件，创造更多的实践锻炼的机会，培养学生自主探索、思考、学习的能力。

二、混合式教学模式下教师的作用

虽然信息技术对教学有辅助作用，但是在高校数学教学中，教师自身的系统化的专业学科知识与丰富的教学经验仍旧是不可或缺的，因此教师应紧跟时代发展的步伐，注重个人能力的提升和经验的积累。在混合式教学中，教师仍处于主导地位，教师需要根据自己在教育中所担任的职责不断进行学习和自我提升。和传统的教学模式相比，混合式教学中教师教授的内容更加多元化，教师作为知识的传播者需要掌握更多的技能。

混合式教学模式使多种多样的教学方式更加合理地组合在一起，能够极大地提升教学效率，能够为每个人和每个群体提供合适的教学方法，进而取得更好的教学效果。教师可以根据时间、环境、学习进度等不同条件选用最符合学情的教学手段和教学方式进行教学。混合式教学模式还可以实现对每个学生进行一对一的针对性教学，给每个学生下达专属的学习任务，鼓励和引导学生使用适合自己的学习方法，从书本、网络等多种多样的渠道获取学习资料，通过自主思考和分析的方式解决学习中遇到的难题，从而使学生养成良好的学习习惯。

三、混合式教学模式中学生的学习方法

在信息化时代，使用多媒体技术、网络技术进行探索性学习将成为主流。在这种情况下，学生处在更加核心的地位，在教育过程中他们不仅作为知识的接受者，同时还将作为知识的探索者来主导学习过程。在混合式教学模式中，教师对学生的教育由"灌输型"向"探究型"转变，学生在得到教师的引导后，自主地通过图书、网络等各类渠道获取与学习目标有关的信息，并进行整理和思考，在学习平台上与同学和教师进行交流与讨论，最终形成学习成果并以报告的形式向教师反馈。在高等数学教育中，混合式教学模式能够为学生创造更加立体和丰富的学习条件，能够激发学生自主学习的意识，使学生学到更多的具备实用价值的知识。

四、混合式教学模式在高校数学教学中的应用

教师在应用混合式教学模式时要构建一个信息化教学平台，从网络上获取丰富的教学资源，为数学教学建立基本的网络教学体系。在多媒体及互联网技术迅速普及的今天，高校数学教学要充分发挥互联网技术的积极作用，利用这一强大的信息渠道与工具仓库，为教师教学提供理论与方法上的帮助，保证现代化教学技术在高校数学教学中的正常应用。教师要充分了解高校数学教学的目标，以分析和研究现有课程标准为基础，帮助学生夯实基础，了解学生的学习效果，以调整教学策略，使其与学生的学习需求相适应。除此之外，教师还要注意整合不同渠道的教学资源，并按照需要进行优化配置。

教师需要设计多种多样的教学方式，为学生展示所学知识的理论与实践之间的转化关系与联系；教师可以将重点内容制作成视频、音频、图片等形式的教学资源并与学生分享，为学生自学提供更加匹配的学习资料，支持学生进行自主学习和研究，使之在自主学习的过程中逐渐了解和掌握自主学习的关键点，并使学生养成良好的学习

习惯。

混合式教学模式整合了信息技术等多种新型的有助于增强学习效果的手段，在高校的数学教育中具有十分宽广的发展前景，对降低高校数学教学难度、提升高校数学教学质量有积极的作用，为教育和教学注入了新的活力。混合式教学模式确立了以学生为中心的教学宗旨，把教师作为引导者，使学生获得了更加合理、全面的学习方法和学习手段，提高了学生的学习效率。在混合式教学模式中，教学手段更加多样，教学资源更加丰富，因此对教师的要求也更高了，它要求教师不断进行自我学习和自我提升。

第七节　高校数学分层教学方法

笔者认为，分层教学是提高高校数学教学效率的重要方法，是结合学生自身的知识水平，使各个层次的学生都能得到个性化发展的方法。开展分层教学，不仅可以提高高校学生对数学知识的掌握程度，还可以为高校培养人才做出一定的贡献。

一、分层教学的内涵与价值

（一）分层教学的内涵

什么是分层教学？分层教学就是根据学生的实际情况安排教学进度和制定教学内容，让学生能够学有所得，是一种动态的管理学生的方法。分层教学有不同的教学形式。但无论哪种教学形式，都以学生为中心，尊重学生的个体差异，目的都是提高学生对各项知识的掌握水平，促进学生的全面发展，将其培养成高素质人才。

（二）分层教学的价值

首先，分层教学可以帮助教师构建分类教学的思维模式、有针对性地制订相应的课程计划，实现因材施教，让不同层次的学生都能够更好地消化课堂知识，从而促进学生综合素质的不断提高。其次，分层教学对学生的影响在于，它可以促使学生之间形成良性的竞争关系。最后，在分层教学的班级里，学生之间的成绩差异比较小，良性竞争的学习环境更容易激发学生的学习积极性，让学生找到学习数学的自信。

二、分层教学的开展形式

第一，依据学生的学习成绩对学生进行分层。教师在分班时，应该尊重学生的选择，让学生先按照自己的想法自主选择班级，然后再根据实际情况确定分班情况。对部分不清楚自己定位的学生，教师可以先让其在班级试学一段时间，给予其自主选择的权利，再进行科学化分班。

第二，备课时对教学内容进行分层。不同学生的学习效率具有差异性，在了解班级学生学习能力的差异性后，教师可以根据这些情况，在备课时对要讲授的知识进行分类，以达到最好的教学效果。比如对基础知识掌握较牢的学生来说，应该重点培养他们的逻辑思维能力，在解题中，鼓励学生采用不同的思路解题；针对基础较薄弱的学生来说，重点在于帮助其巩固基础知识。

第三，在课堂中对教学方法进行分层。教师采用的教学方法的合理性是影响学生掌握知识牢固程度的关键，因此对不同基础的学生，教师应该有针对性地去引导他们提高知识水平。启发探究式教学适合基础较好的学生，而对基础较差的学生，直观法和实物对比法更加适用。

第四，对课堂练习的难易程度进行分层。教师在日常教学中可以设计难易程度不同的课堂练习题目。这样一来，能让不同知识水平的学生的学习能力都能在课堂练习中得到提高。

第五，对学生的指导工作进行分层。对基础较好的学生，主要以引导的方式帮助其养成独立思考的学习习惯，从而帮助其拓展解题思路；对基础一般的学生，主要以解析的方式让其明白解题的过程；对基础较差的学生，主要以重点讲解基础知识为主，让其夯实基础后再进行拔高训练。

三、开展分层教学的有效策略

（一）组建高素质教师队伍

首先，教师应该树立正确的教学思想，即以人为本，平等对待不同知识水平的学生。其次，教师应该保持高涨的教学热情，给教学设计带来创新和变化，让学生通过学习丰富而新颖的课堂教学内容，更好地接受知识。最后，教师应该主动学习，不断丰富自身的知识储备。对数学教师来说，一些新兴行业的快速发展也带动了数学专业的蓬勃发展，同时也对教师提出了更高的要求，一方面要求教师跟上时代发展的步伐，不断学习，提高专业素养；另一方面也要求教师拓宽知识面。

（二）设置周全的课程计划

对分层教学来说，周全的课程计划是一切教学活动的基础。因此，教师首先要对教学内容进行不断的完善与丰富，让学生接触各类知识。其次，教师可以通过教研会，汲取其他教师在课程计划安排上的经验，将其转化成自己的方法，让学生在分层教学中获取更多的知识，从而提升学生的学习能力。

（三）重视课堂管理

首先，针对不同层次的学生，教学目标也应该不同，高校数学教师应该对不同层次的学生实施差异化教学。其次，教师在课堂管理中，也应该不断改进教学方法，以激发学生的学习兴趣。同时，教师还可以在课堂上融入现代科技技术，让学生在接受知识的同时，感受科技的进步，从而树立更高的发展目标。

第八节　高校数学多媒体教学方法

随着社会的发展，多媒体技术也在高校中普及。多媒体教学具有板书规范、清晰，扩音效果好，内容丰富等优点。但对教师而言，过分依赖多媒体课件，很容易使自己由讲授者变成多媒体教学课件的"放映员"，从而出现教师在课堂上照"件"宣读的不良现象。对学生而言，多媒体课件信息量大、内容丰富，长时间不间断地进行高密度的文字、声音和视频学习容易导致其身心疲劳，从而不能理解和掌握学习内容的重难点。其次，在多媒体教学中，一味地"放映"也很容易削弱师生间的互动效果。另外，多媒体教学对硬件的要求十分苛刻，电子设备一旦出现问题，就会严重影响教学进度和教学节奏。

鉴于以上各种情况，在实际教学过程中，多数教师都采用多媒体教学和传统教学相结合的方式。笔者结合自身多年的多媒体教学经验，在下面简述几点使用多媒体教学方法的注意事项，仅供各位同人参考。

一、多媒体课件呈现的内容宜精不宜多

多媒体课件的制作要求如下：内容要有条理性，由浅入深，具有层次感，如由定义到性质再到例题应用。制作的课件在内容上应遵循宜精不宜多的原则，现在各高校所用的多媒体课件以 PowerPoint 电子文稿为主，每节课的课件页数一般控制在二十页左右。一般地，每页字数应控制在五十个左右。如果配有公式或者图片，需加文字说明或注释。对定理的证明过程，可适当精简。

二、板书教学与多媒体教学相互配合

传统的板书教学模式可以充分发挥教师的主导作用，促进师生之间的交流与互动。同时，教师能够了解学生对知识的掌握情况。这些优势是多媒体教学模式不能比拟的。但使用板书教学，教师的体力消耗较大。因此，板书教学与多媒体教学应相互配合。

三、控制多媒体课件讲解速度

　　受到课时和内容等因素的影响，在课堂上往往会出现教师站在讲台上一味地点鼠标、读课件的现象。由于教学节奏较快，教师在课堂上留给学生的理解知识和思考问题的时间很少，加之课堂学习内容过多，学生不易理解，导致很多学生跟不上教学节奏，甚至出现厌学情绪，这是多媒体教学中存在的最大问题。因此，教师在实际教学过程中，应根据学生对知识的接受程度来确定鼠标的点击速度，控制好课堂教学节奏。同时避免"照屏宣科"，控制好语速，对教学内容进行认真细致的讲解，同时一定要留给学生充分的思考时间。对重要的内容和结论，要留时间让学生做笔记。

　　随着多媒体教学在高校中的普及，多种教学方式方法在实际教学中的引入，以及高校数学教师对专业知识的深入探索和总结，高校的数学课堂教学内容势必会更加精彩而丰富。

第三章　数学素质培养的理论基础

第一节　数学素质的内涵及其构成

一、数学素质的本质属性

数学素质的内涵应该在分析数学素质本质属性的基础上得出。这是因为，一个概念的本质属性能揭示它与其他概念的联系与区别。通过揭示其本质属性，我们可以更加明确它的概念，并更好地理解它。数学素质的本质属性就在于它具有境域性、个体性、综合性、外显性和生成性等特点。

（一）数学素质的境域性

所谓"境域性"是指任何知识都存在于一定的时间、空间、理论范式、价值体系、语言符号等文化因素之中。任何知识的意义不仅仅是由对其本身的描述来表达的，更是由其所处的整个意义系统来表达的；离开这种特定的境域，既不存在任何知识，也不存在任何认识主体和认识行为。数学素质进一步体现了知识的境域性特点，数学素质离不开数学知识。无论是数学素质的形成还是数学素质的外显均依赖特定的情境，如果没有特定的情境，数学素质是无法外显出来的。我们说某个人具有一定的数学素质，一般都是在特定的情境中，通过观察这个人解决问题时的表现来说的。因此，离开特定的情境判断一个人是否具有数学素质是难以做到的。

（二）数学素质的个体性

数学素质的个体性是指数学素质具有很强的个体特点。数学素质外显的关键在于个体对已有认知的调整。从心理学的角度来看，由于每个人的知觉环境都是独特的，两个人虽然会在同一空间和同一时刻出现在同一位置上（或他们所在的位置在空间上和时间上尽可能地相近），但是他们的心理环境可能非常不同。而且，面对相同的"客观事实"的两个同等智力水平的人的行为，可能会由于各自的目的与经验背景的差异而截然不同。而且，从知识传授的角度来说，能够传授（传递）的常常是表层知识，这种知识是非本质的。对此，我们可以借用德国哲学家叔本华的比喻：这种知识不过是探索者留下的足迹而已，我们也许看清了他走过的路径，但我们不能从中知道他在一路上看到了什么。要想知道探索者看到了什么，就必须深入到知识的深层，即掌握未可言明的，而且是个人化的知识。因为是未可言明的，所以我们无法通过对表层的、可言明的知识的了解，看到探索者所看到的知识。因为它是个人化的，所以它往往只能为探索者本人所感受，如果我们想看到它、感受它，就必须在某种程度上重复其探索的过程，使自己在某种程度上成为发现这门知识的个人。

正是由于数学素质构成的多样性以及个体的差异性，所以数学素质表现出与其他概念明显不同的特征。其实，数学本身就是一种人类活动，数学知识体系凝聚着人的智慧、蕴含着人的思想观念，反映出人的信念、意向、行为准则和思维方式。数学素质与数学的不同之处就在于数学素质融入了个体对数学的体验、感悟和反思。换言之，个体对数学所生成的不同的体验、感悟和反思促使数学素质形成了鲜明的个体性。

（三）数学素质的综合性

数学素质是一个系统，具有整体性特点，这也是数学素质与数学知识的不同之处。从内容上来看，数学素质包含数学知识、数学情感、数学思维、数学思想方法以及数学所体现出的科学精神和人文精神。这些内容构成了一个相互联系的有机统一体，各个部分与要素之间相互联系、相互影响和相互制约。数学素质的个体性使得这些要素具备了生命系统的特征，而生命系统的基本特征之一便是相互作用。在生命系统中，各组成部分不是以相互孤立而是以相互联系及与系统整体的关系的角度来界定的。从数学素质的表征来看，我们可以将数学素质描述为稳定的心理状态或者心理属性，也可将其描述为品质、行为表现以及综合性能力。事实上，素质是一种精神，一种品质，一种无形之物。没有任何一种单独的特征能够概括人的素质，但素质又随时会以某种形式表现出来。素质是一个人的品格、精神、知识、能力、学识、言谈、行为举止等的综合。所以，数学素质具有综合性特征，任何一种单独的特征都难以概括数学素质的特征。

（四）数学素质的外显性

数学素质的外显性是指作为社会动物的人，总处在与他人相互作用的过程中，个人的数学素质需要通过其行为表现出来。数学素质是否生成，需要主体通过其外显性，即学生在其所处的现实情境中表现出来的数学行为来确认。也就是说，一个具有数学素质的人，在现实生活中会表现出其具有数学素质的特征。一个人是否具有数学素质可以通过观察他在真实的情景中的行为来判断。无论是国际数学教育研究，还是国内数学教育研究，都要求学生在真实的情景中表现出自身良好的数学素质，并试图寻求各种途径来描述数学素质的行为特征。

（五）数学素质的生成性

数学素质的生成性是相对数学知识的传授和接受来说的。"素质的基本特点决定了素质的教学方式不同于单纯知识的教学方式。知识可以用'传递—接受'甚至'灌输—记忆'的方式进行教学。而素质显然不能用言传口授的方式直接从一个人那里传递给另外一个人，对应地，学习者也不能简单地用接受的方式直接从他人那里获得现成的素质。"因此，教师通过数学课堂教学可以将数学知识与数学技能传授给学生，而学生也可以通过数学课堂教学学习数学知识与数学技能。但数学素质只能在主体经历的数学活动中产生，并在真实的情景中表现出来，主体只有在数学活动中通过对数学的体验、感悟和反思才能生成数学素质。

总之，数学素质的境域性表明数学素质的生成离不开情境；数学素质的个体性表明数学素质的生成离不开具有主体性的人，如果离开了人，数学素质也就不复存在；数学素质的综合性表明用任何一种单一特征描述数学素质都是无法做到的；数学素质的外显性表明数学素质是否生成，需要通过学生在现实情境中表现出来的数学行为来确认；数学素质的生成性表明在培养学生数学素质的教学中，要重视他们对数学的体验、感悟和反思，也表明数学素质的教学方式不同于数学知识的教学方式。

二、数学素质的内涵

在认识数学素质的本质属性的基础上，我们从数学素质生成的角度将数学素质界定为：主体在已有数学经验的基础上，在数学活动中通过对数学的体验、感悟和反思，在真实的情景中表现出来的一种综合性特征。从广义上来说，数学素质是一种综合性素质；从狭义上来说，数学素质就是个体在真实情景中运用数学知识与数学技能理性地处理问题的自然概念上的素质，也可以称为遗传素质。

三、数学素质的构成

（一）数学素质构成要素的分析框架

用以研究、分析和把握某一领域的基本尺度称为分析框架，它既规定了这一领域研究的问题的内容和边界，又提供了理解、分析、解决这些问题的基本视角、基本思路、基本原则和基本方法。因此，要想确定数学素质的构成要素，建立分析框架极为重要。建立数学素质构成要素的分析框架应该从以下几个方面着手：

1. 社会发展对数学的需求

无论是教育现象学理论，还是数学教育理论，都明确强调教育或者数学教育要回归现实生活。所以，建立数学素质构成要素的分析框架，必须考虑社会发展对数学的需求。21世纪是"数字化时代"和"信息时代",数字化时代对数学素质的要求主要体现在两个方面:一方面,由于技术水平的提高和新技术的运用,社会降低了对一般公民在常规数学技能和一些特殊数学技巧方面的要求;另一方面,社会又增加了公民应具有更普遍性的数学概念和数学思想方法,以及运用数学的意识和态度的要求,以便公民能更有效地运用数学技术来处理信息、发现模式、做出决策。

信息时代对数学素质的要求表现在以下几个方面:第一,具备运用信息技术手段与工具的技能;第二,具有收集与处理数据的能力;第三,学会用数学语言进行交流,用数学的思维和方法去观察与思考,具备应用数学解决现实问题的意识以及能力。因此,在现代社会中,对数学的应用,是数学素质必不可少的因素。数学的应用非常广泛,具体包括:经济发展方面的经济增长预测、全国粮食总产量的统计;环境保护方面的地震数据处理系统;教育方面的教学效果评价;计算机算法编程中的数学语言等。

由于数学在现实生活中的广泛应用,"数学是一种工具"的认识已深入人心。实际上,数学有两种品格,其一是工具品格,其二是文化品格。而在人类社会发展的过程中,数学的工具品格愈来愈突出,且愈来愈受到人们的重视。在实用主义观点日益盛行的思潮中,数学的工具品格是不会被人们淡忘的。相反,在一定程度上,数学的文化品格在今天已经不为广大教育工作者所重视,更不为广大受教育者所知,甚至到了只有少数数学哲学专家对其有所了解的地步。虽然当他们成为哲学大师或运筹帷幄的将帅后,可能会把学生时代学到的那些非实用性的数学知识忘得一干二净,但是那种铭刻于头脑中的数学精神和数学文化理念,却会长期地发挥着重要作用。也就是说,他们当年受到的数学训练,一直会在他们的生存方式和思维方式中潜在地起着根本性的作用,并且终身受用。这就是数学的文化品格、数学文化理念与文化素质教育的深远意义和至高无上的价值所在。

日本著名数学教育家米山国藏认为,学生们在初中、高中接受的数学知识,因在毕业进入社会后几乎没有什么机会应用,所以通常在走出校门后的一两年内,很快就被忘掉了。然而,不管他们从事什么工作,唯有深深铭刻于头脑中的数学的精神、数学的思维方法、研究方法、推理方法和着眼点(若培养了这方面素质的话),在随时随地发生作用,使他们终身受益。这种数学的精神、思想和方法,在各种初等数学、高等数学教材中大量存在着。从数学的广泛应用、数学的文化品格、数学的教学状况以及数学知识与数学精神、数学思想、数学方法、数学思维的比较来看,数学精神、数学思维、数学思想、数学方法、数学应用和数学知识等构成了稳定的数学素质。其中,值得特别关注的是数学应用素质、数学方法素质、数学的思维素质和数学精神素质。

2. 受过教育的人的特征

英国教育哲学家理查德·斯坦利·彼得斯指出,受过教育的人应具备以下四个基本特征。

第一，受过教育的人必须具备知识（而非技能），还必须能够理解知识背后的原理，所以一个受过教育的人不能仅仅具有一些专门的技能。比如，一个很出色的钳工、车工不一定是受过教育的人。受过教育的人必须掌握大量的知识或概念图式，这些知识或概念图式构成了他的认知结构。

第二，一个受过教育的人掌握的知识不是无活力的知识，这种知识应该能使受教育者形成一种推理能力，进而重新组织他已有的知识经验，并能改变他的思维方式和行动能力。因此，一个有知识的人如果不能使知识产生活力以改变自己的信仰和生活方式，那他就像放在书架上的百科全书，不能算受过教育的人。这就是说，教育意味着一个人的眼界经由他所认识的东西发生了改变。比如，一个人可能在课堂上或考试中能够正确地给出有关历史问题的答案，在此意义上他算得上一个通晓历史的人，但如果他的历史知识从来没有影响过他看待周围的社会、事物的方式的话，那么我们可能会说此人博学，但不会说他是一个受过教育的人。

第三，一个受过教育的人必须对各种类型的思维形式或意识形式的内部评价准则有所信奉。一个人不可能真正地理解什么是科学的思维形式，除非他不但知道必须寻求证据以支持假设，而且知道什么东西可以被看作证据，以及证据的相关性、相容性等。

第四，一个受过一定训练的科学家并不一定就是一个受过教育的人。这并不是因为此人从事的科学活动毫无价值，也并不是因为此人不了解科学活动的原理，而是因为此人可能会缺乏一种认知上的透视力，即此人可能会以一种非常狭隘的眼光看待他正在从事的活动，未能意识到他所从事的活动与许多其他的活动之间的关联性，以及该活动在整个统一的生活方式中所处的地位。

从受过教育的人的特征中，可以看出一个真正受过教育的人应该体现为，其在真实的情景中能够应用学到的知识和技能，并将这种知识和技能转化为个人的思想和处理问题的能力。这给数学素质构成要素的研究带来的启示是：一个有数学素质的人应该拥有一定的数学知识和技能，不仅能够应用这些知识和技能，而且能够在应用中不断转变自己的思想和改进自己处理问题的方式。

3. 数学素质与数学课程标准

无论是数学课程标准还是数学教学大纲，通常都这样描述数学素质：数学是人类文化的重要组成部分，数学素质是公民必须具备的一种基本素质。因此，数学课程标准中的数学素质应该是建立在文化基础之上的。也就是说，界定数学素质的前提是将数学看作一种文化。所以，考察人们（本文中的教师和学生）对数学文化的认识，有助于数学素质的分析框架的建立。

中国著名数学家徐利治认为，从文化的角度看，数学的思维方法的重要性则又充分体现在以下事实中，即大多数学生将来可能用不上任何较为高深的数学知识。然而，数学的思想方法则有着十分广泛的普遍意义，即其不仅可以被用于数学的研究，而且可以被用于人类文化的各个领域。一般来说，这就是数学的最重要的文化价值。

数学文化研究者顾沛教授认为："'数学文化'课程虽然主要以知识为载体，却不以传授数学理论知识为主要目的，而是主要以教授数学思想为主，以提升学生的数学素养为主。现在的数学课，由于各种原因，常常采取重结论不重证明、重计算不重推理、重知识而不重思想的讲授方法。学生为了应付考试，也常以'类型题'的方式去学习、去复习。一个大学生，虽然从小学、中学到大学，学了多年的数学课，但大多数学生仍然对数学的思想、精神了解得比较肤浅，对数学的宏观认识和总体把握较差，数学素质较差；甚至误以为学数学就是为了会做题、能应付考试，不知道'数学方式的理性思维'的重大价值，不了解数学在生产、生活实践中的重要作用，不理解数学文化与诸多文化的交汇。"

北京大学数学科学学院教授张顺燕在《数学教育与数学文化》一文中写道："数学不仅仅是一种工具，它更是一个人必备的素质。它会影响一个人的言行、思维方式等各个方面。一个人，如果他不是以数学为终生职业，那么他的数学素质并不只表现在他能解多难的题、解题有多快、数学能考多少分上，关键在于他是否真正领会了数学的思想、数学的精神，是否将这些思想融会到他的日常生活和言行中去。"因此，从文化的视角来看，数学素质应该包括数学知识、数学应用、数学思想、数学方法、数学思维和数学精神素质。

4. 科学素质的构成和现状对数学素质培养的启示

数学素质作为人们需要具备的主要的素质之一，与科学素质紧密联系，甚至是科学素质的重要组成部分。所以，分析科学素质的构成对数学素质的构成研究极为重要。

公民应具备的基本科学素质一般指公民应了解必要的科学技术知识，掌握基本的科学方法，树立科学思想，崇尚科学精神，并具有一定的应用它们处理实际问题、参与公共事务的能力。这是《全民科学素质行动计划纲要（2006-2010-2020）》（简称《科学素质纲要》）对科学素质的内涵做出的定性表述。

我们通常通过"科普"来提高公众的科学素质。"科普"分三个层次，最浅的层次是普及技术，包括实用技术、新技术和高技术。较深的层次是普及科学，包括科学知识、科学方法。如果说普及技术旨在提高人们变革世界的能力，改善人们的生活质量的话，那么普及科学则是要提高人们认识世界的水平。核心的层次则是普及科学思想、科学观念和科学精神。科学思想的核心就是规律意识和理性精神，科学精神则具体表现为探索精神、实证精神、创新精神和独立精神，它表达的是一种敢于坚持科学思想的勇气。

可是多年来，我们比较容易接受表面层次的技术成果，却常常忽略对技术之母——科学的探索和研究，更忽视了对科学之母——科学思想、科学观念和科学精神的传播。而对一个民族来说，科学思想才是最重要的，它是照亮人类心灵的灯塔。

从上述研究中可以看出，科学素质包括五个方面:科学知识、科学方法、科学思想、科学精神和科学应用能力。而基于目前的科普研究的现状，在高校数学教学中，我们更应该关注科学方法、科学思想和科学精神这三个方面的数学素质培养。

（二）数学素质的五个要素

从信息社会对数学素质的需求特征，我国颁布的科学素质框架、数学课程标准，以及国内外对数学素质分析框架的研究可以发现，数学素质由五个要素构成。

1. 数学知识素质

任何素质的产生都离不开知识，同样数学素质的产生也离不开数学知识。数学知识素质是数学的本体性素质，只有在学习数学知识以及应用数学知识的过程中，人们才能培养数学素质。没有数学知识，数学素质就是无源之水、无本之木。国内外数学素质研究者一致认为，只有在数学知识素质的基础上才能拓展、形成数学素质。

2. 数学应用素质

关注知识的应用是任何教学活动都重视的一种价值追求。正如捷克教育家夸美纽斯所认为的："凡是所教的都应该当作能在日常生活中应用并有一定用途的去教。这就是说，学生应当懂得，他们所学的东西不是从某个乌托邦取来的，也不是从柏拉图式的观念借来的，而是我们身边的事实之一，他们应当懂得适当地熟识它对生活是大有用处的。这样一来，他们就可以得到长进。"美国教育家杜威认为："一个人必须懂得数学概念发生作用的那些问题和数学概念在研究这些问题中的特殊用处，才能算是有数学概念的人。如果仅仅懂得数学上的定义、法则、公式等，就像懂得一个机器的各部分的名称而不懂得它们有什么用处一样。"

由上述论述可知，数学应用素质是反映数学素质的重要方面，个体数学素质的其他方面都是通过在现实情境中对数学的应用来体现的。

3. 数学思想方法素质

数学本身就是一种重要的思想方法，甚至数学知识就是一种重要的方法。英国数学家怀特海指出："数学知识对人类的生活、日常事务、传统思想以及整个社会组织等都将产生巨大的影响，这一点完全出乎早期思想家的意料，甚至一直到现在，数学作为思想史中的一个要素，实际上应占什么地位，人们的理解还是摇摆不定的，假如有人说要编著一部思想史而不深刻研究每一个时代的数学概念，就等于在《哈姆雷特》这一剧本中去掉了哈姆雷特这一角色。"

中国数学教育家张奠宙先生将数学方法分为四个层次：第一，基本的和重大的数学思想方法，如模型化方法、微积分方法、概率统计方法、拓扑方法、计算方法等。它们决定了一个大的数学学科方向，构成了数学的重要基础。第二，与一般科学方法相对应的数学方法。如类比联想、综合分析、归纳演绎等一般的科学方法。第三，数学中特有的方法，如数学等价、数学表示、公理化、关系映射反演、数形转换等。第四，数学中的解题技巧。从这个角度看，当前数学教学主要注重第四个层次，对其他层次的重视程度相对较弱。中国当代数学家、教育家史宁中先生在《数学思想概论（第一辑）——数量与数量关系的抽象》中指出："至今为止，数学发展所依赖的思想在本质上有三个：抽象、推理、模型，其中抽象是最核心的。通过抽象，在现实生活中得到数学的概念和运算法则，通过推理使数学得到发展，然后通过模型建立数学与外部世界的联系。"从这个方面看，当前高校数学教学缺乏这三个思想，而这三个思想正是数学与现实生活紧密联系的关键。

数学思想方法表现为主体对数学中蕴涵的科学方法和数学中特有的方法的掌握和在真实的情景中的应用。数学思想方法包括：一般的科学方法，这些科学方法是数学中体现的科学思想方法，如演绎、归纳、类比、比较、观察、实验、综合、分析等。还有数学特有的方法，如化归、数学模型等。

4. 数学的思维素质

教育的本质是思维的培养，培养学生的思维素质是当代教育的主要目标之一。美国教育家贝斯特说："真正的教育就是智慧的训练。学校总要教些什么东西，这个东西就是思维能力。"美国教育家杜威认为："学习就是要学思维""教育在理智方面的任务是形成清醒的、细心的、透彻的思维习惯"。思维的重要性在于：一个有思维能力的人，其行动出于长远的考虑。它能使我们深思熟虑之后再行动，以便达到最终的目的，或者说指挥我们的行动以达到现在看来还很遥远的目的。所以，在高校数学教学中培养学生的思维能力具有重要意义。

思维方式有不同的划分方法：① 每个民族都有自己特有的思维方式。如古希腊数学家和古印度数学家关心的问题以及考虑问题的方法有显著差异。② 不同信仰的人考虑问题的方式也不一样。③ 研究不同学科和从事不同职业的人，也常常会逐渐形成各自特有的思维方式。人们常常从特定的角度出发，从特定的思维框架出发去看待世界，因而思维方式也就各不相同，特别是根据不同的学科形成不同的学科思维素质。

学者们对数学思维素质的重视可以追溯到古希腊。古希腊哲学家柏拉图认为："算学对我们来说实在是必要的，因为它显然会迫使我们的心灵使用纯粹思维，以达到真理。"古罗马教育家昆体良认为几何学"对儿童是有教学价值的，因为大家公认几何学能锻炼儿童的心智，提高他们的才智，使他们的理解力灵敏起来"。美籍匈牙利数学家波利亚强调"解题要学会思考"和"教会学生思考"。而且认为这里的"思考"包括两个方面：其一，是指"有目的的思考""创造性的思考"，也就是"为了'解题'而思考"；其二，既包括"形式的"思维，又包括"非形式的"思维，即"教会学生证明问题，甚至也教他们猜想问题"。他进一步说明"教会思考"意味着教师不但应该传授知识，而且应当培养学生运用所学知识的能力。

中国著名数学教育家张奠宙教授指出："引用数学的立场、观点、态度和方法去处理成人生活、经济管理与科技发展中的理论和实际问题也许是数学素质中根本的一点。"

美国现代关于"问题解决"研究的主要领头人物之一舍费尔德教授曾这样说:"现在让我回到问题解决这一论题。尽管我在 1985 年出版的书中用了'数学解题'这样一个名称,但我现在认识到这一名称的选用不很恰当。我所考虑的单纯的问题解决的思想过于狭隘了。我所希望的并不仅仅是教会我的学生解决问题——特别是别人提出的问题,而是帮助他们学会数学的思维。不用说,问题解决是构成数学思维的一个重要部分,但这并不是全部的内容。在我看来,数学的思维意味着:① 用数学家的眼光去看待世界,即具有数学化地提出问题的倾向:构造模型,将问题符号化、抽象化,等等。② 具有成功地实行数学化的能力。"所以,数学的思维素质就是指学生在真实的情景中,从数学的角度理解和把握面临的真实情境并加以整理、寻找其规律的过程,也叫数学化,也就是数学地组织现实世界的过程。这里需要指出的是,数学的思维不同于数学思维。数学思维是针对数学活动而言的,它是通过对数学问题的提出、分析、解决、应用和推广等一系列工作,获得对数学对象(空间形式、数量关系和结构模式)的本质和规律性的认识过程。

5. 数学精神素质

德国教育家雅斯贝尔斯在《什么是教育》一书中指出:"教育过程首先是一个精神成长的过程,然后才成为科学获知过程的一部分。"这就是说,在数学教育中,数学精神素质的生成是数学教育中数学素质的最高层次。然而,数学精神的生成却是数学教学中最容易被忽视的部分。也就是说,在我们的数学教学中,对数学精神的教育与研究尚未引起应有的重视,相当多的数学教师不懂得什么是数学精神,更谈不上用数学精神铸造学生高尚的人格。不少学生在数学学习中,会解题、能考试,却缺乏理性精神;唯书、唯师、唯上,却缺乏求真与创新精神;有追求,敢实践,却不知反思和自省。这种在数学工具论指导下的形式主义的数学教学,既影响了学生的综合素质,又影响了学生的专业水平。

美国数学家克莱因在他的著作《西方文化中的数学》中指出:"从最广泛的意义上说,数学是一种精神,一种理性的精神。正是这种精神,激发、促进、鼓舞并驱使人类的思维得以运用到最完善的程度,也正是这种精神,试图决定性地影响人类的物质、道德和社会生活;试图回答人类自身存在的问题;努力去理解和控制自然;尽力去探求和确立已经获得的知识的最深刻和最完美的内涵。"

数学精神包括一般的科学精神、人文精神和数学特有的精神。

首先,一般的科学精神。我们通常把近代以来科学发展所积淀形成的独特的意识、理念、气质、品格、规范和传统称为科学精神。一般而言,科学的整体可以分为科学知识体系、科学研究活动、科学社会建制和科学精神四个层面,科学精神通过前三大层面映射出来，体现了哲学与文化意蕴，是科学的灵魂。科学精神蕴涵在科学思想、科学方法和科学的精神气质之中。科学精神的气质主要包括普遍性、公有性、无私利性、独创性和有条理的怀疑主义。科学精神的具体内涵主要有：求真精神、实证精神、怀疑和批判精神、创新精神、宽容的精神、社会关怀精神。

其次，人文精神。人文精神是指以人为本，以人为中心的精神，体现为揭示人的生存意义，体现人的价值和尊严，追求人的完善和自由发展的精神，包括自由精神、自觉精神、超越精神和人的价值观等。在数学教育中，科学的人文精神包括：严谨、朴实；理智、自律；诚实、求是；勤奋、自强；开拓、创新；宽容、谦恭等。实际上，科学精神和人文精神是不可分割的，两者只有结合起来才能良性发展。

有学者认为：数学精神是人们在几千年数学探索实践中所创造的精神财富。它积淀于数学史、数学哲学及数学本身。确切地说，所谓数学精神，指的是人们在数学活动中形成的价值观念和行为规范。数学精神的内涵十分丰富，主要有数学理性精神、数学求真精神、数学创新精神、数学合作与独立思考精神等。

最后，是数学特有的精神。日本著名数学教育家米山国藏认为："贯穿在整个数学中的精神包括活动于解决实际问题中的数学精神；数学的精神活动的诸方面（包括：在数学中应用化的精神；扩张化、一般化的精神；组织化、系统化的精神，研究的精神，致力于发明发现的精神；统一的建设的精神；严密化的精神；'思想的经济化'的精神）。"数学精神素质是指学生在真实的情景中表现出来的从数学的角度求真、质疑、求美和创新的特征。实际上，科学精神并不神秘。每当我们在现实生活中冷静、理智地思考问题，处理问题时，我们就具有了某种科学精神。简单地说，就是客观的态度，有条理的方法。

上述讨论将数学素质包含的五个层次的要素之间的关系阐述得非常明确：数学知识素质是数学的本体性素质，数学应用素质、数学思想方法素质、数学的思维素质和数学精神素质是在数学知识素质的基础上拓展出来的。而数学应用素质与数学思想方法素质、数学的思维素质、数学精神素质之间的关系则是通过数学应用来体现数学素质的其他层面。数学素质最终要通过主体在真实的情景中表现出来，只有在数学应用中才可以体现出主体的数学素质的其他层面。所以，只有通过主体处理问题，并且是具有真实情境的问题以及数学应用的行为才可以判断主体显现出来的不同层面的数学素质。

第二节　数学素质的生成

瑞士心理学家皮亚杰在《发生认识论原理》中指出："新结构——新结构的连续加

工制成是在其发生过程和历史过程中被揭示出来的——既不是预先形成于可能性的理念王国中，也不是预先形成于客体之中，又不是预先形成于主体之中。"数学素质在数学活动中产生；不是他人传授的，而是学生在数学学习中逐渐地自然生成的。所以，对数学素质的生成机制的分析是极为重要的。

一、数学素质生成的特征

从动态生成的角度看，数学素质的生成具有过程性、超越性和主体性特征。

（一）数学素质生成的过程性

生成性思维表明，生成是一个过程，是一个从无到有的过程。数学素质的生成同样是一个过程，是主体在已有数学活动经验的基础上，在数学活动中，经历、体验、感悟和反思数学应用、数学思想方法、数学的思维以及数学精神，形成一种综合性特征，并将这种结果在真实的情景中表现出来的过程。所以，数学素质有"生"和"成"两个过程。"生"的阶段主要是学生的学习阶段，关键在于学生主动、积极地参与数学学习的过程，在数学学习中逐渐形成对数学本质的科学认识，掌握数学知识和数学思想方法，养成数学的思维习惯以及培养数学的精神。这个过程依赖主体对数学过程的体验、感悟、反思，是主体积极主动参与的过程。而在数学素质的"成"的阶段中，需要主体把已有数学素质的"生"的结果表现在自身的活动、行为中，需要主体在真实世界中，能够有数学精神，用数学的思维或眼光审视现实世界，选取数学的思想方法来分析自己面临的实际问题，积极应用相关数学知识与技能来解决问题，并以数学精神来审视问题解决的结果是否符合现实问题情境。从主体的活动的角度看，数学素质的生成过程是主体体验、感悟、反思和表现的过程。从内容看，数学素质的生成过程是主体把数学活动的结果（包括知识和经验以及主体对数学的体验、感悟和反思的结果）转化为真实情景中的表现的过程。

（二）数学素质生成的超越性

数学素质的提高在于数学活动经验的积累。但是不同于数学经验，数学素质一旦形成，将超越数学经验以及数学知识和技能的学习范围。正如著名数学家徐利治教授指出的，具有较高数学素质的人不仅掌握了一定的数学知识和技能，更具有较强的数学思维能力，能够数学地观察世界、解决问题。

数学素质的超越性是指它能够超越自身的原有水平而不断达到更高的层次。具体来说，主体在学习数学知识的基础上，通过现实情境实现数学应用素质的提升，数学思想方法的掌握以及数学的思维习惯养成，最终形成数学精神。在这个过程中，数学素质的构成要素不断转换，必将超越原有的数学素质。数学素质的超越性决定了数学教学中数学素质生成的可能性。

（三）数学素质生成的主体性

所谓主体性，就是作为现实活动的主体的人为达到自我目的而在对象性活动中表现出来的把握、改造、规范、支配客体和表现自己的能动性。从数学本身来看，由于数学是从人的需要中产生的，是一种人类活动，因此作为认识成果的数学就不可避免地体现出认识主体的主体性，留有认识主体的思想痕迹。数学素质的生成离不开人，与数学知识的客观性相比，数学素质更具有主体性，这种主体性体现在个体的数学经验、数学活动、对数学的领悟与反思等方面。皮亚杰指出："整个认识关系的建立，既不是外物的简单摹本，也不是主体内部预先存在的独立显现，而是主体与外部世界在连续不断的相互作用中逐渐建立起来的一个结构集合。"在数学素质生成的过程中需要发挥主体的主动性、积极性和自主性。

二、数学素质的生成机制

"机制"一词在不同的学科中有不同的含义，但其基本的含义都是事物的组成部分、组成部分的关系以及这些组成部分之间的相互作用及其运作方式、运作过程以及运作结果等。所以，对数学素质的生成机制，我们应该系统地分析其生成过程、组成因素、这些因素是怎样联系的以及这个机制最终是怎样形成的。

系统论也告诉我们，要了解一个系统，首先要进行系统分析。一是要弄清系统是由哪些部分构成的；二是要确定系统中的元素或成分是按照什么样的方式联系起来，并形成一个统一的整体的；三要进行环境分析，明确系统所处的环境和系统的功能、服务的对象，系统和环境如何互相影响、环境的特点和变化趋势。所以，系统地分析数学素质的生成机制有助于揭示数学素质的生成过程，为有关数学素质生成的教学研究奠定理论基础。

下面主要从数学素质的生成基础、生成条件、生成环节、生成标志等角度对数学素质的生成机制进行系统分析。

（一）数学素质生成的基础：主体已有的数学经验

生成学习理论表明：人们在生成对所感觉到的信息的意义时，总是涉及其原有认知结构，学习的过程就是学习者将原有认知结构与从环境中接收的信息或新知识相结合，主动地选择信息并积极地生成信息意义的过程。英国哲学家洛克认为："我们的全部知识是建立在经验上面的；知识归根到底都是导源于经验的。"美国教育家杜威认为，学校教育在能够通过符号这一媒介完全地传达事物和观念以前，必须提供许多真正的情境，个人参与这个情境，领会材料的意义和材料所传达的问题。从学生的观点看，他们所取得的经验本身就是有价值的；从教师的观点看，这些经验是提供了解利用符号进行教学所需要的教材的手段，又是唤起其对用符号传达的材料的虚心态度的手段。由此可以看出，经验是一切学习活动的基础。经验通常指感觉经验，即人们在同客观事物接触的过程中，通过感觉器官获得的关于客观事物表面现象和外部联系的认识，有时也泛指人们在实践中获得的知识。

什么是数学经验呢？在哲学上，数学经验可划分为三种类型：① 直接来自现实问题的数学经验，即在数学理论出现之前和应用于现实之后，人们对其现实原型的性质进行分析探索，从研究现实的量的关系中积累的经验。② 间接来自现实问题的经验，即在认识数学自身问题的过程中积累起来的，具有一定抽象性质的，从研究作为思想事物的量的关系中获得的经验，有些数学家称之为拟经验或理性经验。③ 在数学学习过程中积累起来的经验。获得这种经验的过程，实质上重演了前人研究数学时积累经验的过程。当然学习中的经验更精练、更系统、更易于接受，但在启发性方面，往往不如历史上的经验那样深刻。

在数学教育中，数学经验是指主体所经历的一切与数学有关的活动经验以及主体在教学活动中形成的个人信念，包括以下几个方面：

1. 学习数学之前就已经形成的经验

最初的数学概念带有很明显的人类经验的痕迹。在教育中，在学生尚未接触某一数学概念之前，他的生活中就已经有了某一数学概念，并且学生已经形成了一种用生活经验理解某一数学概念的习惯。或者说，学生原有的数学概念是建立在自己的生活经验的基础上的。学生被看作根据目标指引积极搜寻信息的施动者，他们带着丰富的先前知识、技能、信仰和概念进入正规教育学校，而这些已有经验极大地影响着他们对环境内容以及环境组织和解释方式的理解。因此，教师需要注意学生原有的不完整理解、错误观念和对概念的天真解释对其所学科目的影响。

2. 学习数学的过程中形成的经验

在学习数学的过程中，学生在数学教师的引领下会逐渐形成数学活动经验。这种经验因数学教师的教学方式和学生学习方式的差异而不同。如果数学教师在数学教学中过分强调公式和定理的记忆，学生形成的数学学习经验就是死记硬背公式。如果数学教师在数学教学中强调质疑、猜想、发现、证明，学生就会体验到质疑、猜想、发现、证明的乐趣，从而形成与之相对应的数学经验。

3. 学习数学之后形成的经验

在数学学习之后形成的数学经验包括数学知识与技能、数学活动经验、数学观念以及数学的思维习惯等。此时，个体的数学经验已经具有综合性、外显性、个体性等特点。这些经验为数学素质的生成提供了独特的个人框架，形成了组织和吸收新知识的概念，把新知识与已有概念整合起来便生成了数学素质。人人都体会得到，对那些曾经寄托了自己的情感、意念后获得的经验，是最刻骨铭心的，常常是终生难忘的，因为那是最可能融于自身的，或者说它真正成为一种素质了。也就是说，这种经验对素质发展有最实在、最深刻的影响。所以，主体已有的数学活动经验是数学素质生成的基础。这也表明数学素质的生成离不开主体已有的数学活动经验，而且数学活动经验也是数学素质的重要组成部分。在数学素质生成的过程中，尊重和充分挖掘学生的数学活动经验成为促使其数学素质生成的先决条件。

（二）数学素质生成的外部环境：真实情境

教育现象学表明，教育是教学、培育的活动。从更广泛的意义上讲，教育是与孩子相处的活动，这就要求施教者（即教师）在具体的情境中不断进行实践活动。教育学存在于极具体、真实的生活情境中。从系统的角度看，任何系统都是在一定的环境中产生的，又是在一定的环境中运行、延续、演化的，不存在没有环境的系统。数学素质的生成需要一定的环境，数学素质生成的环境决定了数学素质的"生"与"成"。

数学素质的生成是在数学活动中实现的，指向在真实的情境中对数学知识与技能的运用，并逐步形成数学思想方法以及数学的思维和数学精神素质。因为，如果思维不同实际的情境发生关系，不是合乎逻辑地从这些情境中产生，进而求得结果的思想，我们永远不会搞发明、做计划，或者永远不会知道如何解决困难和做出判断。所以，真实情境既是数学素质生成的环境，又是数学素质表现的载体。

数学素质生成的情境不仅仅是主体对一个个问题的解答，更为主要的是主体在真实的情景中，从数学的角度理解情境、把握情境，在合理理解情境的过程中展示自己的数学素质。

（三）数学素质生成的载体：数学活动

无论是知识的获取还是知识意义的生成，都与主体所从事的学习知识的活动有关，数学素质的生成依赖主体所从事的数学活动。较早阐述数学活动的是苏联数学教育学家斯托利亚尔。他在《数学教育学》中写道："从对数学教学中积极性的狭义理解出发，我们把数学教学的积极性概念作为具有一定结构的思维活动来理解，这种思维活动叫作数学活动。"

到底什么是数学教学的积极性概念呢？斯托利亚尔指出："在教学过程中，学生的积极性是掌握知识的自觉性的前提。如果缺乏积极的思维活动，就不能自觉地掌握知识。数学教育学不能是听任学生在积极的思维活动和单纯的死记硬背之间进行自由选择的两头教学，它应当是以全体学生的积极思维活动为基础的、积极的数学教学。"

从上面的论述中，我们可以看出在数学教学中有两种积极性活动：广义积极性活动和狭义积极性活动。在数学教学中的广义积极性活动，与学生在其他学科教学过程中的积极性活动没有本质的区别。它是一般的思维活动。狭义积极性活动是带有数学特点的，是具有一定结构的思维活动。斯托利亚尔把数学活动分为三个阶段：① 借助观察、试验、归纳、类比和概括，积累事实材料（可称为经验材料的数学描述，也可称为具体情况的数学化）；② 从积累的事实材料中抽象出原始概念和公理体系，并在这些概念和体系的基础上建立理论（可称为数学材料的逻辑组织化）；③ 应用理论形成模型（也指数学理论的应用）。

因而，我们可将数学活动看作按照下列模式进行的思维活动：① 经验材料的数学组织化；② 数学材料（在第一阶段的数学活动中积累的）的逻辑组织化；③ 数学理论（在第二阶段的数学活动中建立的）的应用。因此，数学活动是"再发现"或有意义地接受数学真理，是有逻辑地组织主体用数学方法得到的数学材料，在各种具体问题上应用理论并发展理论的过程。

数学活动是主体积极主动地学习数学，探索、理解、掌握和运用数学知识与技能，形成数学能力，经历数学化过程的数学认知活动。与一般活动不同的是，学生能在数学活动中经历"数学化"的过程。这里的学习是以数学思维为核心的，包括理解、体验、感悟、反思、交往、表现和实践等多种方式的学习，是数学认知结构的形成发展过程，其实质是数学思维活动。以上内容表明，数学活动是数学素质生成的主要载体，只有在数学活动中，主体才有机会体验数学、感悟数学和反思数学，并在具有应用数学的真实情境中，通过数学活动使自己的数学素质表现出来。可以说，没有数学活动，数学素质就是空中楼阁。

（四）数学素质生成的环节：体验、感悟、反思和表现

现象教育学把知识学习理解为一种动态过程，认为只有通过体验和理解才能形成知识。生成学习理论认为，学习是一个主动的过程，学习者是学习的主动参与者，大脑并不是被动地学习和记录输入信息，而是有选择地注意大量的信息或者有选择地忽视某些信息，并主动构建输入信息的解释和意义，从中得出推论。数学素质的个体性和数学素质生成的主体性表明，数学素质的生成离不开主体对数学活动的参与数学。这些参与表现为主体在数学活动中的体验、感悟、反思和在真实情景中的表现，是数学素质生成的关键环节。

1. 体验

体验是指参与特定的数学活动，主动认识或验证学习对象的特征，获得经验。实际上，"体验"一词，在不同的学科中有不同的含义。在哲学，特别是在生命哲学中，体验是指生命存在的一种方式，它不是外在的、形式性的东西，而是指一种内在的、独有的、发自内心的和生命、生存相联系的行为，是对生命、对人生、对生活的感触和体悟。在心理学中，体验是指一种由诸多心理因素共同参与的心理活动。体验这种心理活动是与主体的情感、态度、想象、直觉、理解、感悟等心理功能密切结合在一起的。在体验中，主体不只是去认知、理解事物，还通过发现事物与自我的关联而产生情感反应和态度、价值观上的变化。

学生在学习数学的过程中，通过对数学本质属性的认识，亲身感受数学的抽象性、数学的广泛应用性。这里强调的是学生在学习过程中的主动体验，强调学生的亲身体验，强调学生的亲历性。荷兰著名数学教育家弗赖登塔尔指出："如果不让他有足够的亲身体验而强迫他转入下一个层次，那是无用的，只有亲身的感受与经历，才是再创造的动力。"

中国当代教育家张楚廷对体验和素质的观点有：① 体验是在与一定经验的关联中发生的情感融入与态度生成，它是包括认知在内的多种心理活动的综合。② 体验的价值在于使人在必然的行动中超越行动，在不可缺少的物质基础上、在永远存在的变化之中感悟到永久。体验产生的不只是观念、原理，还有情感、态度与信仰。③良好的素质是一种内在之物，它的形成有一个内化的过程，既有认知心理也有非认知心理在起作用，必须经过体验才能到达人的心灵的最深处。④ 教学过程不但是一个特殊的认识过程，而且是一个特殊的认知、感受和体验的过程，教学不仅要使学生认识到，还要让学生感受到、体验到。⑤ 学校和教育者的责任不仅在于让学生深入地认识到体验的作用，而且在于创造良好的条件，以便于学生体验，便于他们的体验朝着积极的方向发展。

数学体验的生成决定了其他数学学习行为的发生和保持。主体在数学学习活动中的良好体验是数学素质生成的起始环节。在数学活动中的体验有：① 数学地发现和数学发现的体验。数学地发现是指学生在现实情境中，寻找数学化的关系，独立提出数学问题或者理解现实情境。在这个过程中，学生要体验数学与现实生活的紧密联系，体验数学在现实生活中的广泛应用，体验"数学思维"。数学发现通常就是我们所说的"再创造"，是已有数学知识的"再发现"过程。学生在这个过程中要体验数学家工作的过程，以及在数学发现中一些数学思想方法的作用。② 数学思想方法的体验。数学思想方法可以分为两个方面：数学中的科学方法和数学特有的方法。前者是科学研究通用的方法，如归纳、演绎、类比、综合、分析等；后者主要包括公理化、数形结合、数学模型等。③ 数学审美的体验。从数学角度体验简洁美、和谐美、奇异美等。④ 数学精神的体验。从数学的角度质疑、求真、求美、创新等。

2. 感悟

感悟就是有所感触而领悟或者醒悟，是在认知、理解、体验的基础上的自我觉醒，是一种综合性的生活形式，它包含认知、理解、体验。从心理学的角度看，感悟既有感性认识的成分，又有理性认识的成分，还有直觉的成分；既有理智的成分，又有情感的成分；既是认识的过程，又是实践的过程。感悟是人的自我意识的内在活动，它从来就不可能被给予。感悟是一种境界，只有发挥主体性作用的人，才能在处理与自然事物、社会事务的关系的过程中有所感悟。没有主体性的人，就很难有感悟。

数学感悟来自数学活动，是指通过对数学的接触和体验形成的对数学活动的认识，不仅包括学习数学的方法、数学知识的应用、数学技巧的掌握、数学活动的过程等，还有对数学本质的领悟。在数学学习中，"悟"很早就被中国古代数学家提出。我国古代数学家刘徽就在《九章算术》中说："徽幼习《九章》，长再详览。观阴阳之割裂，总算术之根源，探赜之暇，遂悟其意。"

由于不同的学习者对数学活动的参与程度不同、体验程度不同，其形成的对数学感悟的差异也比较明显。但是，必须明确的是，数学感悟不是教出来的，是在教师的引导下自然、自发地形成的，是在数学体验的基础上形成的。因此，学生参加的数学活动对其形成数学感悟极为重要。下面是笔者在"多练"的数学活动中形成的"数学感悟"。

学习数学，从练习中获得的感悟最深。不过，多练的前提是要掌握好基础知识。多练要有讲究，不要专挑有挑战性的题目练，基础题也应适时多练，这样做对学生的好处是：① 便于巩固所学知识，使之不易遗忘。② 便于由易到难，使学习富有逻辑性。③ 能够熟练地解决考试时的基础题，为准备考试赢得时间，为解决稍难或很难的题目打下基础。多练便会碰到许多不懂的问题，这时不要直接去问老师或同学，而应该先把这些问题归类，看它属于哪种类型。如果这样还是没有思路的话，再去请教老师或同学，但不要每道题都去问，这样可以起到既省时又能总结知识点的作用。多练的过程中一定会出现许多解题错误或方法错误，最好的方法是把错的题目收入错题集，也就是在错的题目或无从下手的题目中选出具有代表性的题目，将其集中在一个本子上，并不时地翻开看看，有时也可重新做做这些题。这样便于巩固一些经典的解题方法，也可以巩固许多知识，还能起到强化的作用。解答一个题目，不仅要关注结果，更应关注其解题过程，在碰到一些好的题目、难的题目时，可以写下它的分析过程。这样时间久了，再翻看，则便于记忆和理解。

但是，需要注意一点，在数学教学中过于强调数学题目的练习必然会导致学生对数学的感悟具有片面性。如果学生对数学的感悟只来源于多练，就会阻碍其数学素质的生成，因为数学素质强调在真实情境中学生的数学精神、数学思维、数学思想方法、数学应用和数学知识素质的表现的重要性。所以，在数学活动中对数学形成感悟是数学素质形成的必要环节，学生只有感悟到数学与现实生活之间的紧密联系，从数学的角度思考现实生活中的问题的重要性时，才会在现实或者真实情境中应用数学知识与技能，并从不同层面促进数学素质的生成。

3. 反思

反思也称反省。在西方哲学中，反思通常指精神（思想）的自我活动和内省方式。英国哲学家洛克认为反思（反省）用以指知识的两个来源之一。反省是心灵以自身的活动为对象，进行反观自照，并通过感觉形成内部经验的心理活动。对事物的反思，就是对事物的思考。恩格斯在批判形而上学时指出："这些对立和区别，虽然存在于自然界中，可是只具有相对意义，相反地，它们那些想象的固定性和绝对意义——只不过是由我们的反思带进自然界的。"反思还表现在思考自己的思想、自己的心理感受，描述和理解自己体验过的东西，即自我意识。

数学素质的生成离不开反思，荷兰著名数学教育家弗赖登塔尔指出："反思是数学思维活动的核心和动力""通过反思才能使现实世界数学化"。美籍匈牙利数学教育家波利亚也说："如果没有反思，他们就错过了解题的一次重要而有效益的方面。"我国学者涂荣豹提出了反思性数学学习，认为反思性数学学习就是通过对数学学习活动过程的反思来进行数学学习。可以帮助学生从例行公事的行为中解放出来，帮助他们学会学习数学，可以使学生的数学学习成为有目标、有策略的主动行为，可以使学习成为探究性、研究性的活动，提高学生的能力和创造力，有利于学生在学习活动中获得个人体验，使他们变得更加成熟，促进他们的全面发展。

所以，反思不仅仅是一种结果，更是一种过程。在数学素质生成的过程中，反思是学生在体验、感悟的基础上对数学活动的思考，是学生在数学活动中对自己经历的数学活动过程的反思，包括反思自己的学习行为、反思自己的数学体验和感悟。除此之外，还包括"对自己的思考过程进行反思；对活动涉及的知识进行反思；对涉及的数学思想方法进行反思；对活动中有联系的问题进行反思；对题意理解过程进行反思；对解题思路、推理过程、运算过程、表述的语言进行反思；对数学活动的结果进行反思。"

4. 表现

一个人的言和行是其表现自身素质的重要途径。实际上，表现与内在情感活动有关，表现即内在情感的外部体现。

在数学学习中，表现是指在对数学进行体验、感悟、反思的基础上，在真实的情境中把体验、感悟和反思的结果表现出来，就是要由内而外，将个体内在的良好素质充分地外化出来，让别人（包括表现者本人）能够清晰、具体地感受到，直观、形象地观察到。

表现是指将数学素质充分表现出来，并用于理解现实情境或者解决现实情境中存在的问题，它是数学素质生成的最后环节，也是最为关键的环节。表现不出来的就不是数学素质，也就是说知识与能力没有转化为素质，即人们通常说的"有知识，没素质"。实际上，"课程知识不仅仅是用来'储藏'以备未来之用的，也是用来改变学习者的当下的人生状况的。学习了科学知识，就应当有科学的生活态度；学了社会知识，就应当提高自己的社会交往能力和实践能力；学习了人文知识，就应当对人的存在、价值和意义有新的认识和理解"。也就是说，数学学习的结果就是要使人的思想和行为的表现有所变化，通过这种表现来展示自身的数学素质。

正如有学者描述的那样，一个有数学素质的人常常表现出如下特点：在讨论问题时，习惯于强调定义（界定概念），强调问题存在的条件；在观察问题时，习惯于抓住其中的（函数）关系，在微观（局部）认识的基础上进一步做出多因素的全局性（全空间）考虑；在认识问题时，习惯于将已有的严格的数学概念，如对偶、相关、随机、泛函、非线性、周期性、混沌等概念广义化，用于认识现实中的问题。能否生成数学素质就要看学生在真实的情景中是否有所表现。数学素质的生成需要学生将对数学活动进行体验、感悟和反思的结果，在解决具有真实情境的问题的过程中表现出来。所以，表现环节决定了数学素质的最终生成。

可以说，体验、感悟、反思和表现四元素构成了一个环形的网状关系。其中，数学素质的生成从学生对数学的体验开始，这种体验包括学生的数学活动经验，学生有了经验才可能有感悟、反思和表现的内容。感悟最初来源于学生的数学活动体验，学生在体验中感悟数学活动；同时，自己在真实情景中的表现也是学生感悟的一个重要方面。总的来说，反思既有对数学体验的反思，也有对数学感悟的反思，更有学生对自身在真实情景中的表现的反思。表现是数学素质生成的最终环节，是数学素质超越的起始环节，表现的内容是对数学体验、感悟、反思的结果。表现也是数学体验、感悟和反思的主要内容。通过在真实情景中的表现，学生将会获得体验并验证自己的感悟和反思，从而更新自己体验、感悟和反思的结果。基于以上分析，我们可以发现体验、感悟、反思和表现是数学素质生成的重要环节。

（五）数学素质生成的标志：个体成为数学文化人

数学素质的最终生成会体现在个体的身上，其标志是个体成为有教养的数学文化人。所谓文化就是以"文"化"人"。数学是一种文化，个体在学习过程中会发生文化内化的现象。其中，个体文化内化是指特定文化圈中的个体，在一定的社会文化教化和熏陶之下，将文化的模式内化为心理过程，形成自己的独特模式。在这个过程中，数学素质的生成效果受特定文化条件和个体主观条件的影响。

在数学学习过程中，主体通过体验、感悟、反思结果以及在真实情境中表现出综合性特征，最终成为数学文化人。一个数学文化人应具有的综合性特征如下：

第一，一个具有数学素质的人，具有数学所具有的科学精神和人文精神，即从数学的角度置疑、求真、求美、求善以及实事求是的精神，表现为数学地、理性地理解、分析面临的情境。

第二，一个具有数学素质的人能从数学的角度分析面临的情境，并试图将其数学化，从而抽象出数学。

第三，在确定数学关系之后，就会选择合理的数学思想方法去处理问题。

第四，最终表现为调动或者选择合理的数学知识与技能，并给出一个具体的解决办法。

第五，具有数学素质的一个显著特点是，把这种结果合理地与情境联系起来，校正解决问题的方案，使之符合现实情境。

所以，一个人具有数学素质的依据不仅是其有数学知识，更为重要的是，其在掌握数学知识的基础上，具有数学精神，并能够从数学的角度思考问题，选取合适的数学思想方法和数学知识、技能以及数学工具。

基于上述分析，我们可以得出数学素质生成的基础与源泉是学生已有的数学经验；数学素质的生成需要具有真实情境的问题；数学素质的生成以数学活动为载体，并需经历体验、感悟、反思和表现等环节，最终以成为数学文化人为标志。这个生成过程具有过程性、超越性和主体性特征。

第三节　我国高校学生数学素质的教学现状及影响因素

一、我国高校学生的数学素质

（一）从数学素质的综合性来看

从数学素质的综合性来看，我国高校注重数学知识的教学，而忽视学生数学素质的全面生成。

数学知识是数学素质的主要内容之一，但不是数学素质的全部。我国高校学生在记忆型问题上的解答能力优于联系型问题和反思型问题。记忆型问题要求学生回想已有的数学知识与技能，进行常规性的运算，对数学公式及其性质进行回忆。而联系型问题和反思型问题注重的是学生的数学思想方法素质、数学的思维素质和数学精神素质的表现。联系型问题要求学生从数学的角度理解、解释和说明自己与情境紧密联系的数学表征，这种表征实际上就是数学的思维素质以及数学的思想方法素质。另外，我国高校学生对数学知识的记忆明显优于对数学知识与现实情境的联系以及反思。我国高校学生比较缺乏数学美以及数学思想方法方面的知识，原因就在于我国高校数学教师大多缺乏数学思想方法和数学美知识。而如果没有数学美的知识，那么欣赏数学美就是一句空话。从数学知识领域来看，数学知识领域之间的差距不大。因此可以看出，我国高校注重数学知识的教学，而忽视学生数学素质的全面生成。

（二）从数学素质的境域性来看

从数学素质的境域性来看，我国高校学生注重数学知识与技能的常规应用，而忽视数学知识与技能在真实的、多样化的、开放性的问题情境中的应用。

数学素质的境域性强调数学素质生成中情境的重要性。新一轮数学课程改革强调知识与现实生活的紧密联系，并在数学教学中引入了大量的数学应用题目，在一定程度上有助于学生数学应用素质的提高。但是，我国高校学生比较擅长数学知识与技能的常规应用。例如，给出数学公式后，按照要求代入公式以解决问题等，却不擅长在具有真实的、开放的、多样化特征的问题情境中应用数学知识与技能。这一结果与美国特拉华大学数学与统计学院教授蔡金法的研究结果是一致的，中国高校的学生在不同的任务上有不均衡的表现——在那些考察计算技能和基础知识的任务上的表现要优于在那些需要解决复杂问题的任务上的表现。

（三）从数学素质的生成过程来看

从数学素质的生成过程来看，我国高校注重数学问题的解决，而忽视在此过程中对学生的引导以及对学生数学的体验、感悟、反思和表现的引领。

数学素质的生成依赖数学教学过程。通过对数学学习结果的反思可以发现，我国高校数学教学注重数学知识的变式训练，包括教材中大量的纯粹数学知识与技能的变式训练、与之配套的练习册中的纯粹数学知识与技能的变式训练，而不注重学生在教学过程中的体验、感悟和反思。可以说，我国高校学生缺少良好的数学体验，缺乏对问题解决过程的理性反思和感悟。学生不能很好地从数学的角度有根据地解释和说明自己的判断。这一结果与蔡金法先生的研究结果是一致的，蔡金法先生通过研究中美两国高校学生数学思维的特征发现，中国高校学生在计算阶段的表现胜过美国高校学生，但在意义赋予阶段的表现不如美国高校学生。另外，中国高校学生在计算阶段的任务成功率明显高于他们在意义赋予阶段的任务成功率。

（四）从数学素质生成的课程资源来看

从数学素质生成的课程资源来看，我国高校注重课堂教学，忽视对学生在社会生活中的数学应用能力的培养。数学素质要求学生在真实的情景中表现出具有数学素质的行为，而具有真实情境的问题需要学生走入现实社会生活才能找到答案。然而，我国高校数学教学内容中缺乏来自现实生活的情境问题。

二、影响高校学生数学素质生成的教学因素及其分析

尽管数学教学不是促进数学素质生成的唯一因素，但是高校学生数学素质的生成却离不开教学。当然，数学素质的生成更离不开主体，即高校学生。下面主要分析高校学生学习数学的动机、信念与态度、学习策略、学习方式以及教师的帮助、师生关系和学习风气对学生数学素质生成的影响，以期有助于相关教学策略的构建。

（一）学习动机对数学素质生成的影响

学习数学的动机包括学习数学的兴趣和应用数学的动机。大量的研究证实，学习动机对学习有推动作用。一般来说，具有较强的学习动机的学生，其学习成绩一般较好；

反过来，较好的学习成绩也能增强学生的学习动机。学习数学的兴趣和应用数学的动机与数学素质呈正相关，但相关性不显著。甚至有些调查结果显示，部分厌恶数学的学生，却保持着较高的数学素质。数学学习兴趣与应用数学的动机之间存在显著的相关性。在数学素质生成的过程中，学生学习兴趣的培养有助于激发学生应用数学的动机；反过来，应用数学的动机增强以后，又有助于学生学习兴趣的培养。所以，我们有必要探讨一个问题，即提高学生的数学学习兴趣和增强学生应用数学的动机是否可以促进学生数学素质的生成。

（二）学习数学的态度和信念对数学素质生成的影响

学习数学的态度和信念包括数学自我效能感、数学自我概念和数学焦虑。数学素质与数学自我效能感、数学自我概念、数学焦虑存在显著的相关性，数学自我效能感和数学自我概念呈现显著的正相关，但和数学焦虑呈现负相关。研究表明，提高学生的数学自我概念的水平有助于提高学生的学业成绩，数学自我概念可以通过一系列干预方法加以改变，改变学生的数学自我概念是提高学生数学成绩的重要途径。所以，有必要考虑增强学生的数学自我效能感和数学自我概念、减轻学生的数学焦虑是否有助于学生数学素质的生成。

（三）学习数学策略对数学素质生成的影响

学生的学习策略包括记忆策略、加工策略、控制策略等。记忆策略主要指学生将数学知识与一些过程储存为长时记忆或短时记忆的策略。加工策略是指在新旧知识之间建立起联系的策略。控制策略是指学生对自身学习过程的调控和计划。研究表明，数学素质与记忆策略呈现负相关，而与加工策略和控制策略呈正相关，特别是与控制策略呈显著的正相关。这也表明数学素质的生成不是通过记忆来实现的。所以，我们在进行数学素质生成教学的过程中应注重改进学生的记忆策略，引导学生提升自己的知识加工能力和自我监控能力。

（四）学习数学的方式对数学素质生成的影响

按照学习过程中的组织方式，学习数学的方式可以分为合作学习和独立学习（或者竞争性学习），不同的学习方式对学生有不同的影响。所以，有必要研究学生学习数学的方式与其数学素质生成之间的关系。研究表明，数学素质与竞争性学习呈正相关，而与合作性学习呈负相关。所以，在推动学生数学素质的生成的过程中，应该注重两种学习方式的结合运用。

（五）师生关系、教师帮助以及学习风气对数学素质生成的影响

师生关系、教师的帮助和学习风气一直是影响学生数学学习效果的重要因素，和谐的师生关系和良好的学习风气一直是优秀学习活动的促进剂。研究表明，数学素质

的生成与教师的帮助呈负相关，而与师生关系和学习风气呈正相关，特别是与学习风气呈显著的正相关。因此，相对教师的帮助和学习风气来说，民主和谐的师生关系更为重要。

（六）影响数学素质生成的教学因素之间的相关性

教学是一个整体性的活动，所以既要分析影响数学素质生成的教学因素（简称"影响因素"）及其与数学素质生成的关系，又要分析影响因素之间的关系。研究表明，各影响因素之间的相关性如下：

师生关系与教师的帮助、学习风气、数学学习兴趣、使用数学动机、数学自我效能感、数学自我概念、记忆策略、加工策略、控制策略、竞争性学习以及合作性学习呈显著的正相关，而与数学焦虑呈显著的负相关。

教师的帮助与师生关系、学习风气、使用数学动机、数学自我效能感、加工策略和控制策略呈显著的正相关，而与数学焦虑呈显著的负相关。

学习风气与教师的帮助、使用数学动机、数学自我效能感、加工策略、控制策略呈显著的正相关，而与数学焦虑呈显著的负相关。

数学学习兴趣与师生关系、使用数学动机、数学自我效能感、记忆策略、加工策略、控制策略、竞争性学习和合作性学习呈显著的正相关，而与数学焦虑呈显著的负相关。

使用数学动机与师生关系、教师的帮助、学习风气、数学学习兴趣、数学自我效能感、数学自我概念、记忆策略、加工策略、控制策略、竞争性学习以及合作性学习呈显著的正相关，而与数学焦虑呈显著的负相关。

数学自我效能感与师生关系、教师的帮助、学习风气、数学学习兴趣、使用数学动机、数学自我概念、记忆策略、加工策略、控制策略、竞争性学习以及合作性学习呈显著的正相关，而与数学焦虑呈显著的负相关。

数学自我概念与师生关系、数学学习兴趣、使用数学动机、记忆策略、加工策略、控制策略、竞争性学习、合作性学习呈显著的正相关，而与数学焦虑呈显著的负相关。

数学焦虑与师生关系、教师的帮助、学习风气、数学学习兴趣、使用数学动机、数学自我效能感、数学自我概念、记忆策略、加工策略、控制策略、竞争性学习、合作性学习呈显著的负相关。

记忆策略与师生关系、数学学习兴趣、使用数学动机、数学自我概念、加工策略、控制策略、竞争性学习以及合作性学习呈显著的正相关，而与数学焦虑呈显著的负相关。

加工策略与师生关系、教师的帮助、学习风气、数学学习兴趣、使用数学动机、数学自我效能感、数学自我概念、记忆策略、控制策略、竞争性学习、合作性学习呈显著的正相关，而与数学焦虑呈显著的负相关。

控制策略与师生关系、教师的帮助、学习风气、数学学习兴趣、使用数学动机、数学自我效能感、数学自我概念、记忆策略、加工策略、竞争性学习、合作性学习呈显著的正相关，而与数学焦虑呈显著的负相关。

竞争性学习与师生关系、数学学习兴趣、使用数学动机、数学自我效能感、数学自我概念、记忆策略、加工策略、控制策略、合作性学习呈显著的正相关，而与数学焦虑呈显著的负相关。

合作性学习与师生关系、数学学习兴趣、使用数学动机、数学自我效能感、数学自我概念、记忆策略、加工策略、控制策略、竞争性学习呈显著的正相关，而与数学焦虑呈显著的负相关。

第四节　培养高校学生数学素质的教学策略及教学建议

一、高校学生数学素质培养的教学策略

下面从教学策略实施的基本理念，教学过程、教学内容、师生关系、教学设计以及评价方式等方面构建培养高校学生数学素质的教学策略。

（一）以具有真实情境的问题为驱动，指向数学素质的各个层面

从数学素质的构成内容来看，数学素质包括数学知识素质、数学应用素质、数学思想方法素质、数学思维素质、数学精神素质。我国高校的数学教学现状是：注重数学知识的教学，忽视数学素质的生成；注重学生对数学知识与技能的常规应用，忽视学生对数学知识与技能在真实的、多样化的、开放性的问题情境中的应用；注重学生对数学问题的解决，忽视学生对问题的解决以及对数学的体验、感悟、反思和表现能力的引领；注重课堂教学，忽视学生在社会生活中应用数学的实践教学。所以，要想培养高校学生的数学素质，教师必须以具有真实情境的问题为驱动，让学生在真实的情景中以应用数学知识与技能为核心，在学生应用数学知识与技能的过程中引领其形成数学精神素质、数学思维素质、数学思想方法素质和数学知识素质。

具有真实情境的问题是指将数学真实地与现实世界结合起来，凸显数学在现实世界中的作用，使学生建立数学与现实生活之间的联系的问题。荷兰著名数学教育家弗赖登塔尔指出："讲到充满着联系的数学，我强调的是联系亲身经历的现实，而不是生造的虚假的现实，那是作为应用的例子人为地制造出来的，在算术教育中经常会出现这种情况。"因此，在培养数学素质的教学中，教师应该以具有真实情境的问题为驱动。

具有真实情境的问题能够使学生真实地体验、感悟和反思数学在现实生活中的作

用。而且在处理具有真实情境的问题的过程中，学生能够表现自身的数学精神素质、数学思维素质、数学思想方法素质、数学应用素质和数学知识素质。

杜威"从做中学"的教学过程特别强调：第一，学生要有与他的经验真正相关的情境，也就是要有一个正在继续的活动，学生是由于对这种活动本身有兴趣才参与活动的；第二，要在这种情境中产生真正的问题，以引起学生的思考；第三，学生必须具有一定的知识和进行必要的考察，以处理这种问题；第四，对自己所想到的各种解决问题的方案，学生应负责将它有序地加以引申和推演；第五，学生要有机会通过应用去检验自己的各种观念，把它们的意义弄清楚，使自己发现它们是否有效。

当前数学教学发展的两种模式：一种是认知心理学模式，指向数学理解；另一种是社会文化模式，通过让学习者成为一名数学实践共同体的成员，帮助其进行思考。社会文化模式的数学教学追求的主要目标在于使数学成为解决问题的强有力的工具，使学习者成为数学的实践者。数学公理、数学逻辑和推理方法要在解决现实世界中存在的问题的过程中彰显其意义。这种追求不仅远远超越了传统的程式化数学教学，就是与"做数学"相比也有不少独到之处，因为社会文化模式的数学教学要培养的不仅是数学思维，更是实践中的数学思维。所以，学生只有在具有真实情境的问题中，才会面临选择，如对不同方案的抉择、质疑、反思、联系，而不是追求唯一正确的答案。在数学教学的过程中，教师需要使学生真实地体验和感受到数学与现实生活之间的紧密联系，而且学生首先感受到的应该是情境的真实性。如果情境不真实，就会使学生对数学与现实生活之间的紧密联系产生怀疑。

数学素质生成的实践指向性表明，数学素质的生成活动是在认识真实世界、解决现实问题、完成真实世界的任务中进行的。因而，数学素质的生成是在认识数学与真实世界之间的联系的过程中实现的。正如著名美籍德裔数学家柯朗所指出的："当然，数学思维是通过抽象概念来运作的，数学思想需要抽象概念的逐步精炼、明确和公理化。在结构洞察力达到一个新高度时，重要的简化工作也变得可能了……然而，科学赖以生存的血液与其根基又与所谓的现实有着千丝万缕的联系……只有这些力量之间相互作用以及它们的综合才能保证数学的活力。"也就是说，"归根到底，数学生命力的源泉在于它的概念和结论，尽管其极为抽象，却仍如我们坚信的那样，它们从现实中来，并且在其他科学中，在技术中，在全部生活实践中都有广泛的应用，这一点对理解数学是最重要的"。所以，无论是获取数学知识，还是理解数学，无论是数学思想方法的获取，还是数学思维的激发，都来离不开学生对具有真实情境的问题的处理。

真实情境问题具有真实性和开放性的特点，具备生成数学素质的条件。创设一个学习环境，首先必须明确需要学习什么，行为发生时世界情境是什么。接着，选择其中一个情境作为学习活动的目标。这些活动必须是真实的：它们必须涵盖学习者在真实世界中将遇到的大多数认知需求。

所以，在数学教学中，教师需要引导学生通过参与真实的活动的方式进行探究性学习，从而使学生在真实的活动中建构知识的意义，从各个层面生成数学素质。所谓真实的方式，就是要求学生如同真实世界中的实践者一样，在主动探索、实践反思、交流提高的过程中获得知识，使学生能够在"再创造"中体验数学家经历的苦恼、克服困难的过程以及成功的喜悦，并感悟和反思数学的思想方法、数学思维和数学精神的生成过程。

（二）以多样化的数学活动为载体，引领学生的体验、感悟、反思和表现

"课堂教学应该关注成长中的人的整个生命。对智慧没有挑战性的课堂教学是不具有生成性的；没有生命气息的课堂教学也是不具有生成性的。从生命的高度来看，每一节课都是不可重复的激情与智慧综合生成的过程"。所以，在培养学生的数学素质的过程中，教师需要设计多样化的数学活动，以引导学生进行体验、感悟、反思以及表现。

1. 数学的发现的体验、感悟与反思

数学学习是一个观察、实验、猜测、计算、推理、验证的学习过程。在这个过程中，教师设计的数学发现活动应该突出学生的经历和体验，引导学生体验和感悟数学的发现过程，使学生在这个过程中既有对数学问题的体验、感悟和反思，也有对数学知识进行"再创造"的体验、感悟和反思。在这个过程中，要强调数学家的工作的特点，也要强调学生的"再创造"，让学生明白自己的"再创造"工作和数学家的工作在本质上是一样的，这会使学生理解数学家的工作。因为，知道并理解数学家工作也是生成数学素质的一个重要环节。

数学的发现是数学研究中最有价值的研究，正如物理学家爱因斯坦所言："提出一个问题往往比解决一个问题更重要，因为解决一个问题也许仅仅是一个数学上或者实验上的技能而已。而提出新的问题、新的可能性，从新的角度去看旧的问题，却需要有创造性的想象力，而且标志着科学的真正进步。"从数学史的角度看，数学的发现推动了数学的研究发展。数学的发现主要有两个方面：一是现实世界中数学关系的发现，现代日益增多的应用数学分支就足以说明这个问题；二是数学问题、定理或者猜想的发现。

教师需要用有价值的数学问题引出重要的数学概念，并巧妙地吸引学生来思考和解决这些问题。问题选得恰当，有利于激发学生的好奇心，从而使他们喜欢上数学。数学问题可能和学生的现实经验有关，也可能来自纯数学内容。不管情境如何，有价值的数学问题都应该是能吸引学生的，需要认真思考才能解决的。所以，在数学教学中，教师可以从两个方面设计数学问题：

（1）数学知识的发现。相对现实生活中数学关系的发现而言，引领学生发现数学

知识比较容易，因为对学生来讲，这是"二次发现"或者"再创造"。因此，在数学教学中，教师呈现给学生的不应该是静态的数学知识，而应该是数学知识产生的背景——数学情境。教师通过创设数学情境，和学生共同经历数学知识的发现、体验、感悟和反思过程，使学生在学习数学的过程中实现对数学知识的"再创造"，重走数学家发现数学知识之路，从而实现对数学知识的真正理解。

（2）现实生活中数学关系的发现。通过阅读论文或者专著可以知道，数学在现实生活中有广泛的应用，这一点是不容置疑的。但是，真正使学生体验到数学在现实生活中被广泛应用的例子并不是很多。我们认为，教师在日常教学中很少给学生发现现实生活中的数学关系的机会，是导致这一现象的直接原因。所以，设计来自现实生活中的数学应用的例子就成为数学教学的关键。设计这类案例的目标在于，使学生亲身体验从数学的角度理解情境，选取合适的数学思想方法，并用数学知识与技能解决问题的过程，感悟数学与现实生活的紧密联系，反思如何在现实生活中应用数学知识与技能。

实际上，"思考的活动不是在获得课程内容之后才出现的，而是成功的学习过程的一部分，因此课程内容必须能够'挑动'思考的灵感，即使是在最不起眼、最基本的课堂教学情境中，这样的内容亦可启发学生思考的源泉"。

2. 数学成功的体验、感悟与反思

影响数学素质生成的因素表明，学生的数学自我效能感和数学自我概念与数学素质具有显著的相关性，数学成功的体验不但能使学生对数学产生兴趣，而且有助于学生形成自我概念，提高学生的自我效能感，反之亦然。数学成功包括问题解决的成功，也包括数学问题发现的成功和实际生活问题"数学化"的成功。

美国著名心理学家班杜拉在1981年通过研究发现，那些对数学毫无兴趣、数学成绩特别差的学生，在经过一段时间的训练后，成绩和自我效能感都显著地提高了，而且班杜拉发现他们的自我效能感与数学活动的内部兴趣呈明显的正相关。国内也有研究者通过实验研究发现，自我效能感不但与学习成绩呈正相关，而且在教学实践中也能通过一定的方法和措施改变和提高这种正相关。有关自我效能感和学业成就的研究表明，在以下几种情况中，学生在学校的成绩会得到提高，自我效能感也得以增强：① 采用短期目标更容易看到进步；② 教学生使用特定的学习策略，如列提纲或写总结，有助于学生集中精力；③ 不仅要根据参与情况，还要根据行为表现来给予奖励，因为给予行为表现奖励标志着被奖励者能力的提高。体验成功，并在体验的基础上感悟和反思，对学生数学素质的提升极为重要。

3. 数学审美的体验、感悟与反思

数学的审美体验、感悟和反思是数学素质生成所需的情感因素之一。因为独特的审美感对提升数学创造力具有重大的价值。法国数学家庞加莱曾描述过数学家所体验到的那种真正的美感："只是一种数学的美感，一种数和形的和谐感，一种几何的优美感。"所以，对数学审美的体验、感悟和反思，有助于学生生成数学素质。

让学生能够审美或者能够体验、感悟和反思数学美的前提是使学生知道"数学美是什么"，即"要获得审美的精神享受，就要有审美的修养。没有必要的审美修养，就不可能具有审美的能力，就不可能获得应有的审美享受"。一般认为，科学美的表现形态有两个层次，即外在层次与内在层次。按照这两个层次可以把科学美分为实验美与理论美（或称内在美、逻辑美）。实验美主要体现在实验本身的结果的优美和实验中使用的方法的精湛上。理论美主要体现在科学创作中借助想象、联想、顿悟，通过非逻辑思维的直觉途径提出的新的科学假说，经过优美的假设、实验和逻辑推理而得到的简洁明确的证明以及一些新奇的发明或发现上。理论美的范畴有：和谐、简单和新奇。

数学美隶属于科学美，所以具有科学美的属性与特点。由于数学在抽象程度、逻辑严谨性以及应用广泛性上，都远远超过了一般的自然科学，所以数学美又具有其自身的特征。从数学发展史上看，"无论是东方还是西方，在古典数学时期，表现出来的数学美主要都是以均衡、对称、匀称、比例、和谐、多样统一等为特征的数学形态美以及数学语言美，但都是外层次的、低层次的；没有论及数学的内在美（神秘美），或论及甚少而且又很肤浅。17 世纪以后，特别是 20 世纪开始，数学界对数学理论的审美标准有了比较一致的看法：统一性、简单性、对称性、思维经济性"。"无论是按照数学美的内容，将其分为结构美、语言美与方法美，还是按照数学美的形式，将其分为形态美与神秘美，其基本特征均为：简洁性、统一（和谐）性、对称性、整齐性、奇异性与思辨性"。

在数学教学中，教师要结合数学教材内容进行审美知识的介绍以及数学审美的引领，只有这样才能够使学生知道"什么是数学美"和"怎样从数学的角度审美"。正如中国著名数学教育家罗增儒教授指出的："数学教学与其他一些突出欣赏价值的艺术不同，它首先要求内容的充实、恰当，这是前提，在这个基础上还要花大力气去展示数学本身的简单美、和谐美、对称美、奇异美。这是讲授魅力最本质的因素，也是艺术发挥的最广阔空间。从教材中感受美、提炼美，并向学生创造性地表现美，应该是教师的基本功。"比如，对数学的简洁美，我们经常提到"化简"，但是很少向学生说明，这就是追求简洁美的一个过程。在解题方法教学中，我们可以渗透简洁美的教育。具体来说，我们可以通过以下几个方面寻找更美的数学解："① 看解题时多走了哪些思维回路，通过删除、合并来体现简洁美。② 看能否用更一般的原理去代替现存的许多步骤，以体现解题的奇异美。③ 看能否用更特殊的技巧去代替现有的常规步骤，以体现解题的奇异美。④ 看解题过程是否浪费了更重要的信息，以便开辟新的解题通道。"

可以看出，数学美是生成数学素质的重要因素，学生只有体验到数学美、感悟到数学美的真谛，反思数学审美结果，才有可能从数学的角度思考，才有求真、求美的过程。这是数学思维素质和数学精神素质生成的关键。

4. 多样化的数学学习方式的体验、感悟和反思

数学素质的生成离不开教师在教学过程中对学生的学习方式的设计和引领，而且数学素质的生成也离不开学生的学习。从影响数学素质生成的因素中可以发现，学生的学习方式与数学素质的生成是呈正相关的。所以，多样化的学习方式体验、感悟和反思的引领有助于学生数学素质的生成。当我们只强调一种狭隘的理性认知模式时，我们的教学重心就发生了转变，因为我们没有学会如何去看、去听、去感知，也就是说没有学会如何表达我们的感受。而数学素质的生成环节表明，数学素质的生成需要教师设计有助于学生体验、感悟、反思以及表现的过程。

按照学生参与的特点（是不是主动的、积极的以及自主的），学生的学习方式可以分为自主学习和他主学习；按照内容的呈现方式，可以分为接受性学习和探究性学习；按照组织方式，可以分为合作性学习和独立性学习，或者合作性学习与竞争性学习。新一轮基础教育课程改革倡导自主、合作、探究的学习方式。实际上，同一种学习方式对年龄段不同、学习内容不同以及学习特点不同的学生的作用是不同的，这与学生的自身特点有直接关系。但是，学生需要体验不同的学习方式，并从不同的学习方式中获得不同的发展。自主学习的特点是积极的、主动的、自我监控的、非依赖性的，而生成数学素质的主体性要求学生积极地、主动地、自我监控地学习数学。

探究性学习的特点是问题性、探究性、过程性、开放性。在数学素质的生成中，探究性学习有助于学生形成从数学的角度思考问题、探究问题、解决问题的习惯，并有助于学生在这个过程中生成数学精神素质、数学思维素质、数学思想方法素质以及数学应用素质。而我国高校学生在数学学习中虽不缺乏竞争性学习的体验，却缺乏合作性学习的体验。教师在数学素质的生成教学中应该强调两种学习方式的使用，特别是在合作学习中，应该注重学生之间的交流。关于我国高校学生的数学素质现状的调查表明，我国高校学生不擅长解释和说明自己的思维过程和解决问题的方法。从影响数学素质生成的教学因素之间的相关性可以发现，数学素质的生成与竞争性学习和合作性学习呈显著的正相关。所以，多样化学习方式的设计有助于学生数学素质的生成。

5. 数学思想方法、数学思维和数学精神的体验、感悟和反思

根据有关调查可知，我国大多数公民对基本科学知识的了解程度较低，在科学精神、科学思想和科学方法等方面更为欠缺。而数学素质中蕴涵了一般的科学精神、科学思想和科学方法。我国高校学生数学素质的现状调查表明，与数学应用素质相比，学生的数学思想方法素质、数学思维素质以及数学精神素质更为缺乏。所以，从不同层面进行数学素质的生成教学能够使教学策略更具针对性。

日本著名数学教育家米山国藏认为：在给学生讲授数学定理、数学问题时，与其着眼于把该定理、该知识教给学生，还不如从教育的角度让学生利用它们：① 启发、

锻炼学生的思维能力（主要是推理能力、独创能力）。② 教给学生发现问题中蕴含的定理、法则的方法及其练习技巧。③ 教给学生捕捉研究题目的着眼点以及鼓励学生研究。④ 使学生了解，在杂乱的自然界中，存在着具有美感的数量关系，从而培养学生对数学的兴趣。⑤ 再通过应用数学知识，使学生了解数学的作用，同时，通过应用所得的数学知识，培养学生对数学的兴趣，推进学生的数学精神活动。

南京大学哲学系教授郑毓信指出，我们不应以数学思维方法的训练和培养去取代数学基本知识和技能的教学，而应将思维方法的训练和培养渗透于日常的数学教学活动之中，也即应当以对思想方法的分析去带动、促进具体数学内容的教学。因为，只有这样，我们才能真正把数学课"讲活""讲懂""讲深"。所谓"讲活"是指教师应通过自己的教学活动为学生展示活生生的数学研究工作，而不是死的数学知识；所谓"讲懂"是指教师应当帮助学生真正理解有关数学的内容，而不是任学生囫囵吞枣，死记硬背；所谓"讲深"是指教师不仅应该使学生掌握具体的数学知识，而且也应该帮助学生学会"数学地思维"。

关于我国高校学生学习现状的调查显示，我国高校学生缺乏学习数学的方法，没有形成数学的思维习惯以及勇于质疑的态度。从数学素质的生成机制的讨论中可以发现，数学素质生成的源泉和基础是数学的活动经验（包括知识）。所以，要想学生生成各个层面的数学素质，就必须使学生具有与之对应的数学活动经验，让学生在数学活动中体验、感悟和反思这些活动经验的形成过程，把这种体验、感悟和反思的结果表现在真实的情景中。

为此，在数学教学设计中，教师首先要引导学生发现与要生成的数学素质对应的数学思想方法、数学的思维以及数学精神相关的知识。在当前的高校数学教学中，很多教师虽然都在渗透数学思想方法，但却没有明确地说明这些数学思想方法及其特点、使用的方法与步骤，导致学生对该数学素质只有模糊的体验，不利于学生数学思想方法素质的生成。

其次，在数学教学中，通过数学活动引领学生对这些活动经验的体验、感悟和反思。

最后，通过设计真实的、具有开放性的数学活动促进学生数学素质的生成。苏联数学家亚历山大·雅科夫列维奇·辛钦在强调培养学生的思维素质时，描述了学生体验完整的论证的教学过程："在研究数学时，学生首次在自己的生活中遇到论证的要求，这使学生感到惊奇。对学生来说，论证似乎是不必要的。但日复一日，他们逐渐习惯于此了。"他认为，好的教师能使论证更快、更有成效地完成。他教自己的学生相互评议，当其中一名学生在全班同学面前证明某个东西或者解某个题的时候，其他同学应紧张地寻找可能用到的反驳理由并很快地表达出来。而被这种反驳所诘难的学生，当他使对方无法反驳的时候，就会不可避免地体验到胜利的喜悦。当然，不只在数学里，在任何其他场合的讨论中，他都会越来越多地、越来越努力地进行完备的论证。

所以，高校数学教师需要在数学教学中设计与数学素质各层面对应的综合性的数学学习过程。在这个过程中，学生要有与之对应的数学活动经验。教师在此过程中还要引领和激发学生的体验、感悟、反思和表现。

（三）以转变师生关系为手段，调整教师帮助和学生自主学习的方式

从影响数学素质生成的因素的分析中可以发现，数学素质的生成与教师的帮助呈现负相关，而与师生关系和学习风气呈现正相关，特别是与学习风气呈现显著的正相关。实际上，师生关系的设计包含教师的帮助和学习风气。所以，在教学中，教师应以转变师生关系为手段，调整教师帮助和学生自主学习的方式，使之有助于学生数学素质的生成。

1. 教师指导与学生自我监控的调整

影响数学素质生成因素的研究表明，教师的帮助与学生的数学素质的生成情况呈现负相关。但是，学生数学素质的生成离不开数学教师的引领，而且教师是影响师生关系的重要因素。因此，在学生数学素质生成的过程中，教师要不断调整自己指导学生和学生自主学习的方式，使学生的学习逐渐从"他主"走向"自主"。

数学素质生成的影响因素表明，学生的控制策略与学生的数学素质呈现显著的正相关。其他研究结果表明，学生的自我监控能力与学生的数学成绩具有显著的相关性，而且培养学生的自我监控能力有助于学生数学成绩的提高。在传统的数学教学中，"教师一讲到底"的教学方式以及教师过多的干预，在一定程度上剥夺了学生在数学活动中的独有的体验、感悟、反思和表现的机会，学生的学习依赖数学教师的"他主"。而自主学习的主要特点是学生具有自我监控能力。所以教师帮助的隐性化，以及对学生的自我监控能力的培养将会弱化教师的"一帮到底"的负面影响，强化学生自我监控的意识和能力，有助于学生数学素质的生成。而且，在以具有真实情境问题为驱动的数学教学中，教师不再单纯地讲授，而是与学生一道合作探究。在合作探究的过程中，教师必须引导学生形成自我监控的意识和能力。

美籍匈牙利数学家波利亚指出："教师最重要的任务之一是帮助他的学生。这个任务并不是很容易，它需要遵循时间、实践、奉献和正确的原则。学生应当获得更多的独立工作的经验。但是，如果把问题留给他（学生）一个人而不是给他帮助，或者帮助不足，那么他可能根本得不到提高。而如果教师帮助得太多，就没有什么工作留给学生了。教师应当帮助学生，但不能太多，也不能太少，这样才能使学生有一个合理的工作量。如果学生没有能力做很多，那么教师至少应当给他一些独立工作的感觉。要做到这一点，教师应当谨慎地、不露痕迹地帮助学生，最好是顺其自然地帮助学生。这样做，学生将学到一些比任何具体的数学知识更重要的东西。"

实际上，所谓"教学"是指教师引导、维持或促进学生学习的所有行为。它的逻

辑必要条件主要有三个：一是激发学生学习的兴趣，即教师首先要调动学生的学习积极性，教学是在学生"想学"的心理基础上展开的；二是指明学生要达到的目标和要学的内容，即教师要让学生知道学什么以及学到什么程度，学生只有知道自己要学什么或者要学到什么程度，才会有意识地主动参与学习；三是采用学生易于理解的方式。

在数学素质生成的教学活动中，教师要通过对学生自我监控能力的培养和引领，使学生形成良好的自我监控能力。

2. 师生关系民主平等化

影响数学素质生成的因素的研究表明，师生关系与学生的数学素质呈现正相关。但是，我国高校学生在师生关系上的得分较低，表明我国高校的师生关系有待改进。美国学者勒温及其同事的研究以及后续关于教师领导方式的经典研究表明，教师的领导方式分为专制型、民主型、放任自流型，三者对学生学业成绩的影响不是很大，但能对学生在学校中的一般社会行为、学生的价值观、学习风格产生深远的影响。例如，民主型教师领导的课堂中，学生喜欢同别人一道工作，互相鼓励，而且愿意独自承担某些责任；而放任自流型的教师领导的课堂中，学生之间没有合作，谁也不知道自己应该做些什么；专制型教师领导的课堂中，学生推卸责任是常见的事情，学生不愿与他人合作，学习思想明显松弛。现代脑科学研究表明，大脑皮层的活动状态主要有兴奋和抑制两种。学生在不适当的抑制状态下，由于信息传递和整合能力受到影响，不但难以接受教育、教学活动中的有用信息，而且大脑皮层也难以正常传递和处理信息。因此，数学素质的生成需要民主、平等的师生关系。

在数学教学中，以具有真实情境的问题为驱动的民主、平等的师生关系，能激发学生的探究和质疑的欲望。结论的开放性和多样性改变了答案唯一的教学情境，激发了学生的学习积极性，促进了学生之间、师生之间的相互交流，从不同层面促进了数学素质的生成。

3. 教师的教学责任与学生的学习责任的调整

学习的责任心是指学习者对自己对社会应尽的义务和责任有充分的认识和体验，表现为学习者对学习目标和学习意义的认识以及由此产生的对学习的积极态度和敬业精神。传统的数学教学过分强调教师的角色转变而忽视了学生学习的责任心的激发，甚至鼓吹"没有教不好的学生，只有不会教的教师"。实际上，在影响数学素质生成的因素的分析中，我们发现控制策略与数学素质呈正相关，而教师的帮助与数学素质呈显著的负相关。所以在数学教学中，激发学生的责任心是数学素质生成教学中必须关注的问题。

教师每天的教学活动决定了他们的学生的学习效果。但培养学生的数学素质仅仅依靠数学教师是不够的，他们只是复杂的教学系统中的一个组成部分。

对学生来说，"数学学习是很刺激的，是给人以成就感的，有时也是很困难的。初、高中的学生应该通过认真地研究各种资料努力发现数学对象之间的关系，进而提高数学学习的效率。如果学生积极配合并把他们认为困难的地方告诉他们的教师，那么教师就可以更好地针对学生的困难设计教学方案。这种交流要求学生记录和修正他们的思维，并学会在数学学习过程中提出好问题。在课下，学生必须抽出时间学习数学。他们还必须学会利用网络资源来解答数学疑难问题。当学生开始有职业立项意识的时候，他们可以初步调查一下这些职业对数学的要求，并对自己所在学校提供的课程计划进行考察，以确定这些课程计划是否能够为其将来的职业做好准备"。

学习数学的责任感的培养有助于提高学生对数学作用的认识，会激发学生数学学习的积极性。如果学生意识不到学习数学的责任，不能把数学学习与自己的发展联系起来，数学素质就难以生成。换句话说，学生只有意识到数学在现实生活、科技发展以及自己将来职业选择中的作用，才会更努力地学习数学和应用数学，进而在学习和应用数学的过程中从不同层面生成数学素质。

（四）以真实的、多样化的、开放性的情境问题为工具，引导学生表现自身的数学素质

数学素质的境域性表明数学素质评价需要与之对应的真实情境。数学素质的综合性特点表明数学素质需要多元化的评价方式，而数学素质的外显性特征需要主体把数学素质表现出来。所以，创建适合学生表现数学素质的情境极为重要。

真实情境是指主体所面临的一种情境。在这里强调真实情境，是因为有些情境是不真实的，通常是为应用数学知识而有意创造的情境。数学素质教学现状调查结果表明，我国高校学生解答开放性问题的平均正确率落后于国际平均水平。而这一点与我国长期存在的数学问题的答案具有唯一性的现象有关，学生习惯于问题只有唯一的正确答案。

所以，基于数学素质的特征，构建真实的、开放性的问题情境是评价数学素质的关键。

美国课程改革专家格兰特·威金斯认为真实的情境应符合以下标准：① 是现实的。任务本身或教学设计能复制在现实情况下检验人们知识和能力的情境。② 需要判断和创新。学生必须聪明并能够有效地使用知识和技巧解决未加组织的问题，比如拟订一个计划或解决方案时，不能只按照一定的常规程序，也不能机械地搬用知识。③ 要求学生"做"学科。不让学生背诵、复述或重复解释他们已经学过的或知道的东西。他们必须在科学、历史或者其他任何一门学科中有一定的探索行为。④ 重复或模仿成人接受"检验"的工作场所，公民生活和个人生活等背景。背景是具体的，包含特有的制约因素、目的和群体。⑤ 能够评价学生是否能有效地使用知识、技能来完成复杂任务。⑥ 允许学生利用适当的机会去排练、实践、查阅资料。需要指出的是，真实性问

题要让学生亲自去发现。

二、培养高校学生数学素质的教学建议

通过梳理国内外关于数学素质的研究成果，通过对数学素质内涵、构成要素以及生成机制的系统分析，并结合我国高校学生数学素质的现状和影响因素，初步得出这样一些结论与建议：

（一）素质教育思想是进行数学素质培养的落脚点

数学素质的生成会影响数学教育的最终目标的达成情况，是数学教学从数学知识传授走向数学素质生成的一个关键性前提。也就是说，数学素质生成的教学策略不能"为素质而素质"。实际上，无论是素质教育的实施，还是数学教育本身的育人价值都表明：数学教育的最终目标是提高学生的数学素质，也只有提高学生的数学素质，才能使素质教育思想在数学教育中生根、发芽、成长。

通过对国内外相关文献的梳理和对有关数学教育的研究可以发现，培养具有数学素质的合格公民是数学教育改革的共同目标，而且学生的数学素质水平已成为国际大型教育组织评价各国教育状况的重要指标之一。仅仅通过解题训练来提高学生数学知识水平的传统数学教学理念和方法，越来越受到来自不同领域的挑战。

如美籍德裔数学家柯朗在《数学是什么》中指出的："两千多年来，人们一直认为每个受教育者都必须具备一定的数学知识。但是今天，数学教育的传统地位却陷入了严重的危机之中。而且遗憾的是，数学工作者是要对此负一定的责任的。数学教学有时竟演变成空洞的解题训练。解题训练虽然可以提高形式推导的能力，但却不能促进真正的理解与深入的独立思考。相反，那些感悟到培养思维能力的重要性的人，必然采取完全不同的做法，即更加重视和加强数学教学。"

中国著名数学家丁石孙指出："使每个人都能受到良好的数学教育，这是远远没能解决的问题。从某种意义上讲，这是个世界性问题。如果把这个问题局限于研究每个人应该掌握哪些数学知识和技能，以及如何把这些东西教好，那么数学教育的问题是解决不好的。更为根本的问题是弄清楚数学在整个教育中的地位与重要性，或者说得更为广泛一些，就是要弄清楚数学在整个科学文化中的地位和重要性。"

有学者认为："要学好数学，不等于拼命做习题、背公式，而是要着重领会数学的思想方法和精神实质，了解数学在人类文明发展中所起的关键作用，自觉地接受数学文化的熏陶。只有这样才能从根本上体现素质教育的要求，并为全民思想文化素质的提高夯实基础。"

综上所述，在数学教学中，教师要从学生已有的数学活动经验出发，面向全体学生，在数学活动中关注学生的体验、感悟、反思和在解决具有真实情境的问题中的表现，

激发学生学习的积极性、主动性和自主性，全面体现素质教育的思想。所以，我们在数学教育中要关注学生数学素质的生成情况，只有这样，才会使素质教育思想在数学教育中得以实施和落脚。

（二）数学素质的内涵与构成要素是数学素质培养的着眼点

上文通过梳理和分析国内外关于数学素质的定义及其构成要素的分析框架，结合我国高校数学教育的现状，得出了数学素质具有境域性、个体性、综合性、生成性和外显性等特征的结论。数学素质可以表述为：主体在已有数学经验的基础上，在数学活动中通过对数学的体验、感悟和反思，在真实情境中表现出的一种综合性特征。数学素质应该包括数学知识、数学应用、数学思想方法、数学思维以及数学精神五要素。其中，数学知识素质是数学的本体性素质，数学应用、数学精神、数学思维和数学思想方法是数学的拓展性素质。这一表述明确了数学素质教学的出发点、数学素质的教学过程以及数学素质的教学评价问题，而且数学素质的内涵蕴涵了当前数学教育中的四维目标（知识与技能、数学思考、解决问题、情感与态度）。

（三）数学素质的生成机制是数学素质培养的立足点

数学素质的生成具有过程性、超越性、主体性等特征。本文从教育学的角度，对数学素质生成的基础、外部环境、载体、环节、生成标志等构成数学素质生成机制的几个方面进行了系统分析。由此可知，数学素质生成的基础和源泉是主体已有的数学活动经验；数学素质强调学生在真实的情景中的表现，真实情境必然是数学素质生成的外部环境；数学素质的生成以数学活动为载体；数学素质的生成依赖主体对数学的体验、感悟、反思和表现等环节;数学素质生成的最终标志是个体成为"数学文化人"。这是数学素质生成的教学立足点。

（四）数学素质的现状和影响因素是数学素质培养的切入点

我国高校数学教学中学生数学素质的培养状况：从数学素质的整体性来看，注重对数学知识的教学，忽视学生数学素质的全面提升；从数学素质涉及的情境来看，注重学生对数学知识与技能的常规应用，忽视学生对数学知识与技能在具有真实的、多样化的、开放性的问题情境中的应用；从数学素质的生成过程来看，注重教导学生解决数学问题，忽视对学生解决问题以及对数学的体验、感悟、反思和表现能力的引领；从数学素质生成所需的课程资源来看，注重课堂教学，忽视对学生在社会生活中的数学应用能力的引领。所以，培养数学素质的教学必须从我国高校学生数学素质的现状和相关影响因素切入。

（五）培养数学素质的教学策略是数学素质培养的出发点

本文基于数学素质生成机制和数学素质的现状、影响数学素质生成的因素以及教学策略的特征，初步构建了培养数学素质的教学策略：即以具有真实情境的问题为驱动，注重不同层面数学素质的生成；以多样化的数学活动为载体，引领学生的体验、感悟、反思和表现；以转变师生关系为手段，调整教师的帮助方式和学生的自主学习方式；以真实的、多样化的、开放性的情境问题为工具，激发和引导学生培养数学素质；等等。实践表明，数学素质生成的教学策略对学生数学素质的培养具有显著的影响。所以，数学素质的培养教学可以从以上教学策略着手。

第四章　高校学生数学思维能力培养

第一节　数学思维概述

一、数学思维的内涵

（一）思维的含义

人类科学的发展史，也是思维的发展史。随着人们对思维现象及其规律的研究的不断深入，思维科学不但已经发展为一门独立的科学，而且已经渗透到心理学、哲学、逻辑学、控制论和信息论等许多学科中。

从心理学的角度分析，思维是一种特殊的心理现象。所谓心理现象，就是人脑对客观事物的能动的反映。思维是人脑对客观事物的本质属性和内在联系的一种概括的、间接的反映过程。从思维科学的角度审视，作为理性认识的个性思维分为三种：抽象（逻辑）思维、形象（直觉）思维和特异思维（灵感思维、特异感知或特异活动中的思维）。

从哲学的认识论角度分析，人的认识过程一般可以分为感性认识阶段和理性认识阶段。感觉、知觉和表象属于感性认识阶段。在这个阶段，人们只能获得对事物的表面认识。而思维则是在感性认识的基础上进行的理性认识，是对感性认识的概括和升华，属于认识的高级阶段。正是在这个理性阶段，人们通过分析、综合、抽象、概括、比较、分类等思维活动，研究出事物的本质及内容的规律性。

从逻辑学角度分析，思维的主要形式是概念、判断和推理。概念是事物的本质属性的反映，由概念组成判断，由判断组成推理。判断和推理不仅反映了事物的本质，还反映了事物的内在联系与相互作用。因此，思维反映的是事物的本质属性、事物的内在联系和内部的规律性。

可见，思维是人脑对客观事物本质和规律的概括的和间接的反映。概括性和间接性是思维的两个基本特性。

思维最显著的特性是概括性。思维之所以能揭示事物的本质和内在规律性的关系，主要是因为它来自抽象和概括的过程，即思维是概括的反映。所谓概括的反映是指以大量的已知事实为依据，在已有知识经验的基础上，舍弃事物的个别特征，抽取它们的共同特征，从而得出新的结论。在数学学习中，学生的许多知识都是通过概括认识获得的。由此可见，没有抽象概括，也就没有思维。概括性是思维研究的一个重要方面，概括水平是衡量思维水平的重要标志。

思维的另一个特性是间接性。思维当然要依靠感性认识，没有它就不可能有思维。但是，思维远远超脱于感性认识的界限，能够认识那些没有直接感知过的，或根本无法感知到的事物，以及预见和推测事物发展的进程。我们常说，举一反三、闻一知十、由此及彼、由近及远等，这些都是指间接性的认识。思维之所以具有间接性，关键在于知识与经验的作用。思维的间接性是随着主体知识经验的丰富而发展起来的。因此，知识和经验对思维能力有重要影响。

（二）数学思维的含义

所谓数学思维就是人脑和数学对象交互作用并按一般的思维规律认识数学规律的过程。数学思维实质上就是数学活动中的思维。对此，我们要注意以下两点：其一，它是指一种形式，这种形式表现为人们认识具体的数学学科，或是应用数学于其他科学、技术和国民经济等过程中的辩证思维；其二，应认识到它的一种特性，这种特性是由数学学科本身的特点，以及数学用以认识现实世界现象的方法决定的。

（三）数学思维的分类

数学思维是一种极为复杂的心理现象。数学思维具有多样性，即多种形态。可以按不同的标准对其进行分类：

根据数学思维过程是否遵循一定的逻辑规则，可将其分为逻辑思维与非逻辑思维。逻辑思维是指脱离具体形象，按照逻辑的规律，运用概念、判断、推理等思维形式进行的思维。非逻辑思维是指未经过一步步的逻辑分析或无清晰的逻辑步骤，而对问题有直接的、突然间的领悟、理解或给出答案的思维。

根据数学思维的指向程度，可将其分为发散思维与收敛思维。发散思维又叫求异思维，它由某一条件或事实出发，从各个方面思考，产生多种答案，即它的思考方向是向外发散的。收敛思维又叫求同思维或集中思维，它是指将提供的条件或事实聚合起来，朝着一个方向思考，得出确定的答案，即它的思考方向趋于同一。事实上，数学问题的解决过程依赖收敛思维与发散思维的有机结合。一方面要广开思路，自由联想，提出解决问题的种种设想和方法；另一方面，又要善于筛选，采用最好的方案或办法来解决问题。在数学学习中，我们既要重视集中思维的训练，又要重视发散思维的培养，还要重视两者的协调发展。

根据数学思维方向的不同，可将其分为正向思维和逆向思维。正向思维与逆向思维，是指在思考数学问题时，可以按通常思维的方向进行，也可以采用与它相反的方向探索。数学知识本身就充满了正、反两方面的转化，如运算及其逆运算、映射与逆映射、相等与不等、性质定理与判定定理等。因此，培养学生的正向思维与逆向思维都很重要。

根据数学思维结果有无创新，又可将其分为再现性思维和创造性思维。再现性思维，也就是一般性思维，它是运用已获得的知识经验，按现成的方法或程序去解决类似情境中的问题的思维活动，是一种整理性的一般思维活动。创造性思维是一种特殊的思维形式，即不仅要揭示客观事物的本质及内在联系，还要产生新颖的或前所未有的思维成果，给人们带来具有社会或个人价值的产物，是一种具有开创意义的思维形式，是再现性思维的发展。创造性思维作为思维的最高形式，是人类创新精神的核心，是一切创造活动的主要精神支柱。

二、高等数学学习中几种重要的数学思维

（一）归纳思维

归纳是人类发现真理的最基本也是最重要的思维方法，法国数学家拉普拉斯指出："在数学里，发现真理的主要工具和手段是归纳和类比。"

归纳是在对许多个别事物的经验认识的基础之上，通过多种手段（观察、实验、分类……）发现其规律，总结出原理或定理的方法。归纳推理是根据一类事物的部分对象具有某一属性，从而归纳出此类事物都具有这一属性的推理方法。或者说，归纳思维就是要从众多事物中找出共性和本质的东西的抽象化思维。更直接地讲，就是从特殊的例子中，利用归纳法预见到进步的带有一般性质的结论。

从数学的发展过程可以看出，许多新的数学概念、定理、法则等的形成，都经历过经验积累的过程，经过大量的观察、实验、分类，然后归纳出其共性和本质的东西。在高等数学教学中，教师不但要使学生掌握归纳方法的要点、本质，更要培养学生强烈的归纳意识，并使他们认识到归纳在提高创新能力中的作用与价值，使学生在学习和工作中能有意识地去运用归纳法，这样也有利于培养学生的创造性思维。

（二）类比思维

日本物理学家、诺贝尔奖获得者汤川秀树指出："类比是一种创造性的思维方式。"所谓类比，就是借助两类不同本质的事物之间的相似性，通过比较将一种已经熟悉或掌握的特殊对象的知识推移到另一种新的特殊对象身上的推理手段。当两个对象系统中的某些对象间的关系存在一致性或者某些对象间存在同构关系，或者一对多的同态关系时，我们便可以对这两个对象系统进行类比。由于类比为人们的思维过程提供了更广阔的"自由创造"的空间，因此它成为科学研究中非常有创造性的思维形式，从而受到科学家们的重视与青睐。高等数学中很多知识间都有着显著的类同性。美籍匈

牙利数学家波利亚曾说过："类比是一个伟大的引路人，求解立体几何问题往往有赖于平面几何中的类比问题。"因此，教师在教学过程中应特别重视运用类比的方法，将其引入教学与学习（教会学生学习）活动，使教学与学习活动更加生动具体。

在高等数学教学中，从学生已熟悉的知识出发，通过类比而引申出新的概念、新的理论，不但易于学生接受、理解、掌握新的概念和新的理论，更重要的是有利于培养学生的类比思维，有助于学生创造力的开发。比如，在"中值定理"这部分知识的教学中，教师如果采用类比的方法，将各中值定理的条件、结论、几何意义进行比较，对培养学生的类比思维将大有裨益，从而也会取得很好的教学效果。除数学教学之外，教师还可以向学生介绍类比思维在其他学科中的应用情况。比如，"仿生学"就是类比思维的成果，仿生学是用"生物机制"进行类比的：滑翔机和飞机是人们受燕子飞翔的启发而设计的；潜艇、鱼雷是人们看到鱼在水中游产生灵感而制造的。这种思维是按照"类比—联想—预见"的步骤展开的，而数学的每一个概念、结论的深入研究，也是按着这个步骤展开的。在高等数学教学过程中，教师应充分抓住知识的特点，积极培养学生的类比思维。

（三）发散思维

发散思维最早是由美国心理学家伍德沃斯于 1918 年提出的。发散思维也称扩散思维、辐射思维、求异思维，是指在创造和解决问题的过程中，不拘泥于一点或一条线索，而是从已有的信息出发，选择多角度，向多方向扩展，不受已知的或现存的方式、方法、规划或范畴的约束，并且从这种扩散、辐射和求异式的思考中，求得多种不同的解决办法，衍生出多种不同结果的思维方式。由于发散思维对推广原命题、引申旧知识、发现新方法等具有积极的开拓作用，因此它是一种重要的创造性思维。

我国数学家徐利治指出："数学中的新思想、新概念和新方法往往来源于发散思维。"他总结概括出了数学创造能力公式（创造能力＝知识量 × 发散思维能力），并指出发散思维在数学创造性活动中具有重要作用。

数学发散思维的首要特征是发散性，即对同一个数学问题，思考时不急于归一，而是先提出多方面的设想和各种解决办法，然后经过筛选，找到科学合理的结论。此外，对正在研究的数学对象、数学方法，甚至已得出的公式、定理，都可以运用发散思维将其作为发散点，放在不定、可变的地位上加以观察和思考，探索"可变"的各种可能，甚至在范例中也可变中求活，活中求异，异中求新，新中求广。对未知的东西，要敢于大胆地去设想；对已知的东西，要敢于大胆地质疑，提出异议，勇于打破常规。

数学发散思维的第二个特征是流畅性，也称多端性。流畅性的基本特征是数学思维转换时畅通无阻，思维向多个方向发散，大脑对外界数学知识信息的分析、加工、重组的速度快，输出输入量大，对同一个数学问题能提出多种设想、多种答案，突出一个"快"字。

发散思维的第三个特征是变通性，变通性是指思维形式不受固定格式的限制，思维方向多，既可横向，又可纵向，还可逆向。形式灵活多变，代数、几何、三角、初等数学、高等数学的知识交汇使用，突出一个"多"字。

发散思维的第四个特征是独特性，独特性是指思维方式求异、新颖奇特，一题多思，千方百计寻求最优解法、创优意识强烈，思维结果有创新的特点，它反映了数学发散性思维的质量特征，突出一个"新"字。

数学发散性思维的实质就是创新，所以数学发散思维是创造性思维的重要组成部分。

（四）逆向思维

思维本身具有双向性，"由此及彼"与"由彼及此"就是思维的两个相反方向。一般情况下，人们把已经习惯的思维叫作顺向思维，而把相反方向的思维称为逆向思维。逆向思维是相对习惯思维而言的另一种思维形式，它的基本特点是：从已有思维的反方向去思考问题。顺推不行，就考虑逆推；直接解决不行，就想办法间接解决；正命题研究过后，就研究逆命题；探讨可能性却遇到困难时，就考虑探讨不可能性。逆向思维由于打破了习惯思维的框架，克服了思维定式的束缚，所以具有创造性。

在高等数学中，有不少内容都可以用来培养学生的逆向思维。例如，数学公式的逆向应用、问题分析中的"执果索因"、微分与不定积分的相互转换、辅助函数和几何图形、无穷级数和函数的求法、定积分定义求和、定积分和不定积分的关系、命题的逆否命题、探讨问题的不可能性以及反证法等都充分体现着逆向思维。

（五）猜想思维

英国著名物理学家、数学家牛顿说过："没有大胆的猜想，就做不出伟大的发现。"所谓数学猜想，是指根据某些已知的事实、材料和数学知识，对未知的量及其关系所做的一种预测性的推断。它是研究数学、发现新定理、创造新方法的一种手段。猜想是一种合情推理，它与论证所用的逻辑推理方法相辅相成。对未给出结论的数学问题，猜想也是寻求解题思路的重要手段。目前已有很多教师开始重视"教猜想"，这正是由于大家已经意识到猜想不仅是解决问题的重要手段，也是训练思维的有效方法。因此，对学生进行猜想训练、培养他们敢于猜想的精神，有利于学生数学直觉的形成，从而培养他们的创造性思维。纵观数学教育和数学发展历史，可以发现，学生猜想思维能力的发展和提高，离不开以下几方面素质的培养。

1. 较好的数学知识基础和较高的文化素质

要想运用猜想思维，就需要具备较广博的基础知识与较高的文化素质。只有在较宽广的知识层面上，数学想象才能振翅高飞，通过想象和联想，从那些形式上互不相关的问题中，发现知识之间的本质联系。

2. 高层次的数学想象能力

数学想象能力可以划分为若干个层次，不同的层次相应地决定了想象能涉及的范围和效果。高层次的想象涉及数量关系和空间形式，以及由它们重新组合而形成的更为抽象、更为深入的数学构想。

3. 善于发挥数学的直觉思维

波利亚在其著作《数学与似真推理》中提出："还必须学习合情推理，即数学猜想。数学猜想是一种直觉思维，利用它不仅可以预测解决现有问题的思路，还可以提出有价值的新问题。"数学直觉即关于数学对象的关系和性质的直接领悟。法国数学家亨利·庞加莱说过："这种对数学秩序的直觉，能使我们去推测隐蔽着的各种和谐性与联系，但它并不是每个人都具备的，而必须靠人们自觉地培养、锻炼和提高。"

以直觉在数学发现中的作用而论，又可以将直觉思维划分为辨认直觉、联络直觉和审美直觉三种类型。辨认直觉可以辨明和预测数学猜想是否具有科学价值；联络直觉可以探究和考察不同理论、不同猜想之间的内在联系；审美直觉可以审查和评论数学猜想是否符合数学理论的美学标准。在科学研究和日常学习中，学生对理论发展的方向往往会有多种猜想，对解决问题的思路也会有多种猜想，究竟何去何从，必须要求助辨认直觉和审美直觉。庞加莱认为直觉思维是一种无意识活动。然而，在诸多无意识活动的分化组合之中，有些意识是和谐、美妙而有用的。这些意识如果能触动数学家的审美直觉，即可立刻转变为数学家的有意识行为。

4. 能正确理解"数学的本质就在于它的自由"

德国数学家格奥尔格·康托尔曾经提出"数学的本质就在于它的自由"。他认为数学与其他领域的区别，就在于它可以自由地创造自己的概念，也就是说数学想象可以自由自在地发挥。例如，要想在欧氏几何中建立起非欧几何的模型，这确实是难以想象的。但是克莱因、庞加莱和贝尔特拉米等数学家，利用数学想象的自由发展，巧妙地做了一些约定，结果就把非欧几何中那些看起来格格不入的空间关系，转换成了欧氏几何中的普通定理，并且也因此完成了对非欧几何理论相对相容性的证明。

第二节　高等数学教学应该培养的数学思维能力及教学原则

数学思维能力，就是在数学思维活动中，直接影响该活动的效率，使活动得以顺利完成的个体的、稳定的心理特征。

一、高等数学教学主要应该培养的数学思维能力

高等数学教学主要应该培养的数学思维能力包括：具体形象思维能力、抽象思维能力、辩证逻辑思维能力和创造性思维能力。

（一）具体形象思维能力

具体形象思维，是指脱离感知和动作而利用头脑中所保留的事物的形象进行的思维，它的特点是不能离开具体形象来进行思维活动。数学形象思维具有直观性、概括性和多面性等特征。直观性表现在思维借助具体的形象（如几何图形、代数结构等）而运行；概括性表现在思维运行时使用的材料往往是经过加工的具有一定概括性的数学形象；多面性则是相对逻辑思维而言的，逻辑思维按部就班，一步一个脚印，是线性的，而形象思维则是多角度、多侧面的，因而是面性的。

表象是思维的基本材料，实际的数学形象思维材料往往是在表象的基础上有所抽象、概括加工而成的数学形象，表象量愈多，形象思维内容愈丰富；表象质愈好，形象思维结果愈准确。随着数学知识领域的拓展和内容的不断抽象，由表象形成的形象就成了更高层次的表象。例如，通过对函数图像的实践认识，学生积累了不少有关函数的形象，在此基础上，一笔画成的曲线就成了连续曲线的形象；没有尖点、角点等奇异点的连续曲线就成了可微函数的形象。几何直观是形象思维在数学中的重要表现形式。在传统数学领域，分析、代数、几何日益彼此渗透，几何直观功不可没。德国哲学家康德如是说："缺乏概念的直观是空虚的，缺乏直观的概念是盲目的……"

在高等数学中，微积分以函数为研究对象，这些函数都是定义在 R^n（$n \in N$）上的，当 $n = 1$，2 时，这些函数就获得了平面直角坐标系内的几何直观；当 $n \geq 3$ 时，对函数性质的研究和了解也往往是通过类比 R^1、R^2 上的情形来实现的，因而可以说形象思维贯穿微积分学习的全过程。比如，多元复合函数的求导法则同一元复合函数一样，都遵循着"链式法则"。但由于变量个数的增多，其具体的求导形式要比一元函数复杂得多。运用数学形象思维，建立多元复合函数求导法则的"树形图"几何结构，可将其复合关系和链式法则的具体形式揭示得一清二楚，使多元复合函数的求导过程变得简单有序。

再如，讲授拉格朗日中值定理时，可先画一光滑图形来说明函数在闭区间上连续、在开区间内可导等条件，然后说明在开区间内至少存在一点，使这点处的切线平行于曲线两端点的连线，并给出该连线的斜率，再给出严格的证明。这样做会使学生对问题的理解更为深刻。

另外，形象化教学还可以借助多媒体手段，在计算机上编制适当的软件以增强形象化教学的效果，这是一条很好的途径。但是，我们不可能也没有必要为所有内容编

制软件。笔者通过多年的教学实践发现，形象化教学并不是全靠出示教具或编排电脑节目来起到应有的效果的，它的精妙之处在于教学过程中生动有趣的例证和寥寥几笔的图形带给学生的思维上的启示和触类旁通的感悟。所以，培养学生的形象思维是培养学生用数学方法创造性地解决实际问题的一个十分重要的方面。利用数学形象思维进行直观判断的方法，能迅速抓住问题的实质，发现问题的答案，是学好高等数学的一种重要方法，也是许多复杂证明赖以成功的基石。徐利治教授说："真正的懂离不开数学直观，因此数学直观力的培养非常重要。"因此，提高学生的形象思维水平十分有必要。

多年的教学经验告诉我们，"数形结合"的方法对提高学生的形象思维水平极为有效。"数形结合"表现为对问题的数学逻辑的表述和对问题的几何意义的综合考察，前者属于逻辑思维，后者属于形象思维。在思维实践活动中，二者相互交叉、相互制约，难以截然分开。因此，教师在教学活动中应重视让学生用形象思维寻找解决问题的突破口，用抽象思维对思维过程进行监控与调节。

（二）抽象思维能力

抽象思维，是指离开具体形象，运用概念、判断和推理等方法的思维形式。这一思维能力目标，要求学生在取得感性认识材料的基础上，运用概念、判断和推理等理性认识形式对认识对象进行间接地、概括地反映。抽象思维是数学思维最显著的特征。在高等数学教材中，大部分概念（如导数、二重积分、曲线积分、曲面积分等）在引入时，都是从实例入手，抛开实际的意义抽象得出的。教师在教学中，可以很好地利用这一点，有意识地培养学生的抽象思维能力。例如，对二重积分进行定义时，一般的教材都先讨论两个具体实例。其中一个例子讨论的是曲顶柱体的体积，另一个例子讨论的是平面薄片的质量。尽管前者讨论的是几何量，后者讨论的是物理量，二者的实际意义截然不同，但它们的计算方法与步骤却是相同的，排除其具体内容（非本质属性），便得出了二重积分的概念。教师在讲授这一概念时，可以试着让学生自己去抽象出相同的数学结构。多次对不同内容进行分析，可以逐步培养和提高学生的抽象思维能力与概括能力，也可以使学生掌握从具体到抽象的学习原则。

（三）辩证思维能力

辩证思维，就是客观辩证法在人们思维中的反映。数学教育的重要目的之一在于培养学生的数学思维能力。辩证逻辑研究的是思维形式如何正确反映客观事物的运动变化、事物的内部矛盾、事物的有机联系和转化的问题。在数学思维中，辩证思维被认为是最活跃、最生动、最富有创造性的成分。在数学发展史上，许多重大的数学发现过程都具有辩证的特点。很难设想，一个缺乏辩证思维的人能创立微积分。可见辩证思维对数学的研究和发展及数学学习的重要性。作为变量数学的高等数学，蕴含着极其丰富的辩证思想。其内容的辩证性体现得非常典型和深刻，集中反映了辩证法在数学中的地位。所以，它是培养学生数学辩证思维能力的最优载体。高等数学是用全新的变化的观点去研究现实世界的空间形式和变量关系的，所以学生从学习常量数学到学习变量数学，在思维方法上是一个转折。突出高等数学的辩证法，有助于学生摆脱在初等数学学习中的静态思维方式的束缚，学会用辩证法分析问题，提高辩证思维的层次。例如，极限概念中"$\varepsilon - N$"定义的产生和形成过程，就带有辩证法的色彩。它的主要特点是用有限量来描述和刻画无限过程及有限到无限的矛盾转化过程。极限概念包含着非常深刻、丰富的辩证关系，特别是变与不变、近似与精确、有限与无限等。

矛盾的对立统一观点，是辩证法的核心，它在高等数学中的表现尤为突出。例如，极限值的得出就是变化过程与变化结果的对立统一；微分和积分刻画了变量连续变化过程中局部变化与整体变化之间的对立统一；还有"离散"与"连续"、"近似"与"精确"、"均匀"与"不均匀"等，都是矛盾对立统一的具体反映。高等数学中的许多概念也是多种矛盾的统一体，如"无穷小量"有零的特征但却不是零。

高等数学的概念、原理之间既互相渗透又互相制约是高等数学辩证性的又一重要特征，是事物普遍联系的规律的反映。例如，定积分、重积分、线积分、面积分概念，都是从不同的具体原型中抽象概括出来的，但它们之间却有着本质的联系，即都用到了"分割、近似代替、求和、取极限"的数学思想，而且概念的结构是类似的。又如从不定积分与定积分的概念来看，不定积分属于求原函数的问题，而定积分属于求和式极限的问题。但上限为变量的定积分实际上就是被积函数的一个原函数，从而沟通了定积分与不定积分概念之间的联系。在高等数学中，矛盾对立统一的观点、普遍联系的观点、否定之否定的观点以及从量变到质变的辩证规律随处可见。因此，教师在数学教学中应充分挖掘这些知识间的辩证关系，努力发展学生的辩证思维，从而逐步提高学生的思维能力。

（四）创造性思维能力

创造性思维，即通过思维不仅能够揭示客观事物的本质及内在联系，还能够在此基础上产生新颖的、前所未有的思维成果。这一思维能力目标，是我们数学教育所追求的最高境界，是其他思维能力目标充分发展、突变、飞跃才能达到的终极目标，要求学生能对数学问题给出新的解决办法，或提出新的数学问题，创造新的数学理论。如学生能在复数数系的基础上提出新的数系，或能定义新的运算。应该指出的是，从创新的相对意义看，创造性思维是广义的，学生的数学创造性思维是"再发现"式的。

创造性思维能力的培养可以从以下几个方面进行：

1. 培养学生的聚合思维和发散思维

聚合思维在内容上具有求同性和专注性，发散思维在内容上具有变通性和开放性。

每个人的思维都既有聚合性，又有发散性，发散思维和聚合思维是相辅相成的。在数学教育中，往往更强调对学生聚合思维的训练，而对学生发散思维的训练则较少关注。

事实上，由于高等数学教材的表述侧重聚合思维，所以教师要善于挖掘和选取数学问题中具有发散思维的素材，恰当地确定发散对象或选取发散点，以培养学生的发散思维。例如，在引入定积分概念时，教师在举出"求曲边梯形的面积"的实例，引导学生分析其"分割、近似代替、求和、取极限"的数学思想方法后，启发学生联想"液体的静压力""物体转动惯量"等问题，并思考这些问题的共性，从而抽象出数学模型，给出定积分的定义。这就是一个聚合思维的过程。教师应进一步引导学生分析该思维成果，并应用它去解决类似的实际问题，以实现对学生发散思维能力的培养。

2. 培养直觉思维和分析思维能力

从辩证思维的角度看，分析思维与直觉思维是相互依赖、相互促进的。任何数学问题的解决和数学知识的发现都离不开分析思维，但是分析思维也有保守的一面，即在一定程度上缺乏灵活性与创造性，而这正是不严格的直觉思维积极的一面。在教学中，教师可通过出示一组相近命题，引起学生的思维冲突，激活学生的思维，使其保持兴奋状态，发展学生的直觉思维。同时，教师应要求学生对猜想的结果进行严格论证，从而促进学生直觉思维能力和分析思维能力的提高。

3. 培养学生良好的数学思维品质

思维品质是思维发展水平的重要标志。它主要表现为思维的广阔性、深刻性、灵活性、独创性和批判性等五个方面，这五个方面既有各自的特点，又是互相联系、互相补充的。

二、高等数学教学培养数学思维能力的原则

根据多年从事高等数学教学的实践和认识，笔者认为在高等数学教学中培养学生的数学思维能力应当遵循以下原则：

（一）渗透性原则

第一，因为数学思维能力的培养离不开表层的数学知识，那种只重视讲授表层知识而不注重培养学生数学思维能力的教学是不完整的教学，它不利于学生真正理解和掌握所学的知识，使学生的知识水平永远停留在一个初级阶段，难以提高；另外，对学生数学思维能力的培养总是以表层知识教学为载体的，若单纯强调培养数学思维能力，就会使教学流于形式，成为无源之水、无本之木，学生的数学思维能力难以得到培养和提高。

第二，数学思维是一种复杂的心理现象，它体现为一种意识或观念。因此，它不是一朝一夕就可以形成的，要经过日积月累，长期渗透，才能形成。

第三，数学思维能力的培养主要是在具体的表层知识的教学过程中实现的。因此，要贯彻好渗透性原则，就要不断优化教学过程。比如，概念的形成过程；公式、法则、性质、定理等结论的推导过程；解题方法的思考过程；知识的小结过程等。只有优化这些教学过程，数学思维才能充分展现它的活力。取消和压缩教学的思维过程，把数学教学看作表层知识结论的教学，就会失去培养学生数学思维能力的机会。以上三个方面，说明了贯彻以渗透性原则为主线的数学思维能力培养原则的重要性、必要性和可行性。

（二）反复性原则

一般来说，数学思维的形成有一个过程，学生通过具体的表层知识学习，以及经过多次反复的学习，在比较丰富的感性认识的基础上逐渐概括、形成理性认识，然后在应用中，对形成的数学思维方法进行验证和发展，加深理性认识。从较长的学习过程来看，学生经过多次反复的学习，能逐渐提高认识的层次，使认识层次从低级到高级螺旋上升。另外，与具体的表层知识相比，学生领会和掌握数学思维的情况有着较大的差异，所以在学习过程中具有较大的不同步性，只有贯彻反复性原则，才能使大多数学生的数学思维能力得到培养和提高。反复性原则和渗透性原则联系在一起就是要反复地渗透、螺旋式地上升。

例如，在积分教学中，需要反复渗透类比思维。高等数学中积分知识共有七大类：定积分、二重积分、三重积分、第一类曲线积分、第二类曲线积分、第一类曲面积分、第二类曲面积分，每类积分都有一套定义，但它们之间却有着十分密切的联系，而且有许多共性。比如，这七类积分概念的引入都要经过"引例（通常就是几何、物理意义）—定义—性质—运算"四个步骤，同时它们定义积分的过程也大致相同，都是按照"分割、近似求和、取极限"三个步骤下定义的，在讲其他类型的积分（本体）时，可用定积分概念（喻体）相互类比的方法启发学生给出定义，即首先由教师指出其他积分与定积分是类似的，然后引导学生通过类比定积分的定义来定义其他积分。这就能够教会学生如何去找类比的已知概念（喻体），又如何通过类比给出新概念（本体）的方法，进而使学生较好地掌握概念的本质。培养一种数学思维要通过多次反复的教学来实现，这一过程一般由孕育阶段、形成阶段和加深应用阶段组成。

（三）系统性原则

数学思维能力的培养与表层知识教学一样，只有成为系统，建立起自己的结构，才能充分发挥它的整体效能。当前，在数学思维能力培养中，一些教师的随意性较强。比如，在某个表层知识教学中，突出培养某种数学思维，对其他数学思维的培养则往往比较随意，缺乏系统性和科学性。尽管数学思维的系统性不如具体的数学表层知识那么严密，但进行系统性研究，掌握它们的内在结构，提高教学的科学性，还是很有必要的。系统研究数学思维培养，需要从两方面入手，一方面挖掘在每个具体的数学表层知识的教学中可以进行哪些数学思维的培养，另一方面研究一些重要的数学思维可以在哪些表层知识教学中进行渗透，从而在纵横两方面整理出数学思维能力培养的教学系统。

下面试分析、归纳思维能力培养在高等数学教学中的大致的系统。首先，在讲授完某一教学内容时可进行局部归纳。例如，教师在讲授完"极限"一章后可以把本章内容归结为：五个定义、四种关系、三个性质、两种运算、两个准则、两个极限。其次，在讲授完同一类型知识后可以进行横向归纳。例如，就函数的导数而言，有一元函数的导数、多元函数的偏导数及方向导数三种，它们在本质上都是函数的变化率问题，都是增量比的极限。但它们之间也有区别：前二者为双侧极限，方向导数为单侧极限。通过这样简单的对比归纳，学生可以深刻理解相关数学概念的实质。最后，对相互关联的教学内容可以进行纵向归纳。例如，《高等数学》教学内容中的"向量代数与空间解析几何"这部分内容是学习多元函数微积分的基础，学生在学习时比较容易理解，但却不能深入其中，所以在学习方向导数与两类曲线（面）积分的关系及第二型线（面）积分的计算时不得要领。因此，教师在讲授前面的知识点时要为后面的教学内容做好铺垫，指导学生在学习后面的知识点时，要将其与前面的教学内容紧密结合，使前后教学内容相互衔接，使学生融会贯通。

（四）确定性原则

教师在学生数学思维能力的培养教学中，在贯彻渗透性、反复性和系统性原则的同时，还要注意遵循确定性原则。这是因为，只进行长期、反复、不明确的渗透，将会影响学生从感性认识到理性认识的飞跃，妨碍学生有意识地培养自己的数学思维能力。渗透性和明确性是数学思维能力培养辩证统一的两个方面，因此在反复渗透的过程中，利用适当机会，对某种数学思维进行概括、强化和提高，使它的内容、名称、规律以及运用方法明确化，是数学思维培养的又一个原则。当然，贯彻明确化原则势必要在数学表层知识教学中进行，但若处理不好这一原则就会干扰基础知识的教学。因此，我们在整个教学过程中，应当有计划、有步骤地贯彻明确化原则，尤其可以在章节小结中完成明确化的任务。另外，明确化也要做到适度，对教材的内容和学生的实际，要有一个从浅到深、从不全面到较全面的过程。

第三节 努力培养学生良好的思维品质

一、培养思维的灵活性

思维的灵活性是指思维活动的灵活程度，主要表现为具有超脱出习惯处理方法界限的能力，即一旦所给条件发生变化，便能改变先前的思维途径，找到新的解决问题的方法。学生思维的灵活性主要表现为随新的条件迅速确定解题方向，表现为从一种解题途径转向另一种途径的灵巧性，也表现为从已知数学关系中看出新的数学关系，从隐蔽的形式中分清实质的能力。

思维灵活性的反面是思维的呆板性，或称心理惰性。知识和经验经常被人们按着一定的、个人习惯的"现成途径"反复认识，从而产生了一种先入为主的印象。使人倾向某种具体的方式和方法，使人在解题的过程中总是遵循已知的规则系统——这就是思维的呆板性。思维的呆板性是进行发明和创造性活动的极大障碍。思维的呆板性是部分学生思维的特点，表现为片面强调解题模式，缺少应变能力。

教师的主要任务是帮助学生克服"呆板性"消极的一面，及时地让他们了解新情况下的新解题途径。

（一）启发学生从多种角度思考问题

我们在教学过程中，可以用多种方法、从不同角度和不同途径去寻求问题的答案，用一题多解的方法来培养学生的数学思维能力，提高学生的思维灵活性。一题多解可以拓宽思路，增强知识间的联系，使学生学会从多角度思考解题的方法，形成灵活的思维方式。

（二）引入开放型习题

开放型习题由于没有现成的解题模式，解题时往往需要学生从不同的角度进行思考和探索，尽可能多地探究、寻找有关结论，并进行求解。开放型题目的引入，主要是为了引导学生从不同的角度思考问题，我们应该要求学生不仅仅要思考条件本身，还要思考条件之间的关系，要根据条件运用各种综合的、变换的手段来处理信息、探索结论。这样才有利于提高学生的思维灵活性，也有利于培养他们孜孜不倦的钻研精神和创造力。

（三）采用一题多变的教学方式

一题多变是题目结构的变式，具体是指变换题目的条件或结论，即变换题目的形式，而题目的实质不变。教师用这种方式进行教学，能使学生随时根据变化了的情况积极思索，迅速想出解决问题的办法。这样可以提高学生举一反三、触类旁通的能力，从而防止和消除思维的呆板和僵化，提高思维的灵活性。

二、培养思维的广阔性

思维的广阔性是指思路宽广，善于多角度、多层次地进行探求。在数学学习中，思维的广阔性表现为既能把握数学问题的整体，抓住它的基本特征，又能抓住重要的细节和特殊因素，开放思路。思维的广阔性的反面是思维的狭隘性，学生正是由于存在这种思维的狭隘性，常常跳不出条条框框的束缚，才会出现解题困难。

思维的广阔性还表现在不但能研究问题本身，还能研究其他有关的问题上。教师可以从学生熟知的数学问题出发，提出若干富于探索性的新问题，让学生凭借他们已有的知识和技能，去探索这些数学问题的内在规律性，从而获得新的知识和技能，并开阔视野。在数学教学中，教师应鼓励学生广泛联想，积极思考，寻找多种解决问题的方法，训练学生的发散思维，培养学生思维的广阔性。

三、培养思维的深刻性

思维的深刻性常被称为分清实质的能力。这种能力表现为：能洞察所研究的每一个事实的实质及其相互关系；能从所研究的材料（已知条件、解法及结果）中揭示被掩盖着的某些个别特殊情况；能组合各种具体模式。思维的深刻性的反面是思维的肤浅性，经常表现为对概念的不求甚解；对定理、公式、法则，不考虑它们为什么成立和在什么条件下成立；做练习题时，对题型、套公式，不去领会解题方法的实质。在数学教学中，教师应积极培养学生思维的深刻性。

（一）进行数形结合的训练，培养思维的深刻性

数学的研究对象是客观事物的数量关系和空间形式。数缺形时欠直观，形缺数时难入微。数与形是客观事物不可分割的两个数学表象，它们有各自的特定的含义。在解决数学问题的教学中，特别是在解代数问题和几何问题时，教师要引导学生挖掘数与形的内在联系，并将它们相互转化，从而培养学生思维的深刻性。

（二）运用不定型开放题，培养思维的深刻性

不定型开放题，所给条件包含答案不唯一的因素。在解题过程中，教师应要求学生必须利用已有的知识，结合有关条件，从不同的角度对问题做全面分析，进行正确判断，并得出结论，从而培养学生思维的深刻性。

四、培养思维的敏捷性

思维的敏捷性是指思维过程的简洁性和快速性。具有这一思维品质的学生能缩短运算环节和推理过程，"直接"得出结果。运算过程或推理过程的缩短，表面看来好像没有经过完整的推理，其实它还是有一个完整的过程的。

研究表明，推理过程的缩短取决于概括能力。教师可以通过引导学生练习，提高学生思维的概括性，进而提高学生思维的敏捷性。另外，在数学教学中，教师还可以有意识地选择一些用顺向思维的方法难以解决或解法烦琐，而用逆向思维的方法却能迅速解决的问题来启迪学生的思维，从而培养学生思维的敏捷性。

五、培养思维的独创性

思维的独创性是指思维活动的创造性精神，是在解决新颖独特的问题中表现出来的思维品质。这里的"独创"，不只看创造的结果，还要看思维活动中是否有创造性的态度。学生能独立地、自觉地掌握数学概念，发现定理的证明方式，发现教师在课堂上讲过的例题的新颖解法等，这些都是其思维独创性的具体表现。

思维独创性的反面是思维的保守性，它的主要表现是思维受条条框框的限制，落入俗套而受其束缚，从而产生思维的惰性。消除学生思维保守性的方法是在加强基础知识学习和基本技能训练的前提下，提倡学生独立思考，让学生从分析问题的特点出发，探求新颖独到的解题方法。

（一）通过一题多解训练培养思维的独创性

一题多解训练能开拓学生的思维，提高学生的应变能力。一题多解训练要求学生的思维方法要注新颖独特，要不循常规，不拘常法，寻求变异。因此，一题多解训练能帮助学生克服思维定式的消极作用，有利于培养学生思维的独创性。

（二）进行发散思维的训练，培养思维的独创性

发散思维又叫求异思维，它打破了常规的思维模式。进行发散思维训练，能逐渐打破狭窄思维体系的封闭性。在解题教学中，教师应要求学生不要只满足于一种解法，应多多联想，寻找更多的解法，并比较哪种解法最优。因此，数学教学一定要以教师为主导，以学生为主体，给学生发散思维的时空，让学生充分展示思考的过程，鼓励学生标新立异，发表独特见解。只要学生有新思想、新见解、新设想、新方法，就可以认为其具有思维的创新性。

六、培养思维的批判性

思维的批判性，就是指思维活动中严格地估计思维材料和精细地检查思维过程的智力品质，它是思维过程中自我意识作用的结果。思维的批判性表现为：有能力评价解题思路选择得是否正确，以及评价这种思路导致的结果；愿意检验已经得到的或正在得到的粗略结果，以及对归纳、分析和直觉的推理过程进行检验；善于找出和改正自己的错误，重新计算和思考，找出问题所在；不迷信教师和课本，凡事都要经过自己思考，然后再做出判断。

（一）培养学生的质疑精神

教师在数学教学中要鼓励学生敢于大胆质疑，敢于发表自己的观点和看法，而不是"人云亦云"。数学史上有许多这样的例子，如：一个三棱锥和一个四棱锥，棱长都相等，将它们的一个侧面重合后，还有几个暴露的面？这是美国 1982 年有八十三万人参加的大中学生数学竞赛的一道试题。命题专家和绝大多数的考生都认为正确的答案是七个面，但是佛罗里达州的一名考生丹尼尔的答案是五个面，他的结果立即被评卷委员会否定。然而丹尼尔并没有被权威压倒。他坚持自己的信念，做了一个模型以印证其结果的正确性，并给出了证明。最后，数学专家不得不承认他的答案是正确的。这个学生敢于挑战权威的优良品质受到人们的一致称赞，他的这种敢于质疑权威精神值得我们大力提倡。我们在数学教学中要重视对学生思维批判性的培养，要给学生创设尽可能宽松的学习氛围，让学生有勇气、有机会提出自己的不同意见，从而培养他们的质疑精神。

（二）提高学生的识别能力

许多数学题目中都潜存着隐含条件，这种条件只有经过深入的分析才能被发现，挖掘隐含条件是培养学生思维品质的重要途径。教师应引导学生在辨析题目的过程中，把握问题的本质，挖掘题目中的隐含条件，从而提高学生的识别能力。学生的学习过程，其实就是不断辨析和更新自己头脑中的知识结构的本质的过程。而且，这样的教学比正面讲授的效果要好得多，在潜移默化中就能培养学生思维的批判性。

（三）提高学生的自我评价能力

一堂好课，不在于学生没有出现错误，而在于教师要确立学生在课堂教学中的主体地位，这就要求教师善于抓住时机启迪学生思维，纠正学生在概念上的理解错误，并纠正学生在习题上的解题错误，从而纠正学生头脑中知识结构上的错误。在纠错的过程中，教师不能替学生做决定，而是要引导学生自己纠错，自己寻找致错根源。

（四）培养学生反驳问题的能力

对一些似是而非的问题，培养学生从反驳的角度来考虑问题不失为一个很好的办法。反驳是数学创造性思维、批判性思维的重要组成部分。要培养学生的反驳能力，提出反例无疑是一种很好的方法，因为反例在数学发展中和证明中一样占有重要的地位，是否定谬误的有力武器。

总之，学生思维品质的各个方面是一个有机的整体，它们是彼此联系、相互渗透、不可分割的。培养学生良好的思维品质是一项艰巨而复杂的任务，不可能立竿见影。在平时的数学教学中，教师应充分利用不同题型和不同方法，培养学生的思维品质。同时，要想真正有效地提高学生的思维品质，教师在教学中还要通过积极的教育和引导，培养学生坚毅顽强的钻研力、对比筛选的分析能力、专注持久的注意力、丰富大胆的想象力以及破旧立新的创造力等。教师要注意从基础抓起，着重培养学生的形象思维能力和逻辑思维能力；不断地更新教学观念，改进教学方法，优化教学过程，创设思维情境，加强思维训练，积极摸索规律，认真总结经验。

第四节　培养学生数学思维能力的教学策略

培养高校学生数学思维能力是教育学、心理学中一个十分重要的问题，受到了许多有识之士的极大重视。同时，培养并发展学生的数学思维能力是数学智育教育目标中最根本的一项。我们应分析和探讨学生在数学学习中的心理学基础，弄清数学思维的心理根源，把握它的心理本质，从而努力提高学生的思维水平。这是因为，随着知识经济社会的发展，个人的思维能力、创新能力在个人发展、社会发展中的作用越来越重要。如今社会变化越来越快，经济发展的趋势从产业经济转向知识经济转化，制造业的工作人员的数量在不断减少，而企业对新类型的工作人员的需求却在不断增加。这种新类型的工作人员被称作"知识工人"或"符号分析员"。他们必须具备较高的思维素质，能够操纵复杂的观念与符号，有效地获取和分析信息，并能够保持足够的灵活性以适应不断变化的环境和终身学习的需要。对一个国家来说，大量的有知识、能独立思考的公民是最有价值的财富。对个人而言，较高的思维素质是获得好的工作职位和高收入的保证。因此，在高校数学教学中，教师应重视学生思维能力的培养，努力发展学生的思维能力。

一、培养学生的自学能力，提高其数学思维能力

中国著名数学家华罗庚在著文和演说中多次倡导"要学会自学""要学会读书"。

他指出："任何一人，如果养成了自修的习惯，都是终身受用不尽的。"由此可见培养学生自学能力的重要性。所谓自学，首先体现在独立阅读上，它的效率就反映在阅读技能与学生个人在这方面的个性心理特征上；其次，自学是一个数学认识过程，有感知、记忆、思维等，所以它包括各种数学能力；再次，这个独立的数学认识过程，在很大程度上脱离了教师的组织、督促与调控，需要学生自己进行组织、制订计划（包括进度）、做出估计、判断正误、评价效果（自我检查）、进行控制（自我监督）、自我调节等，这方面能力就是元认知能力；最后，在自学过程中，学生需要对独立阅读的内容进行概括和整理，弄清知识的来龙去脉以及重点，并抓住关键，进而能提出问题、分析问题、解决问题，大胆地对阅读材料提出疑问，甚至提出存在的问题及不当之处等，它反映的是独立思考能力（包括批判能力），这种能力无疑更接近创造能力。

21世纪是一个知识更新极快的时代，在学校学习到的知识并不能使学生自如地应对将来的挑战，所以自学能力的培养和提高是教育的一个重要环节。在高等教育阶段，培养学生独立地发现问题、思考问题和解决问题的能力，是一项十分艰巨的任务。在数学教学中培养自学能力，可以促使学生由"学会"变为"会学"再到"会用"，最后到"会创造"，是对学生终身能力的培养。教师在数学教学中可采用以下方式提高学生的自学能力：

（一）搞好预习

由教材入手，引导学生课前预习。让学生在课前弄清教师将要讲的内容，比如哪些内容已清楚，哪些内容不明白，不明白的地方在教师讲的时候要重点听，这样的预习才有针对性，效果才会好。坚持不懈搞好课前预习，有助于学生自学能力的提高。

（二）作业独立完成

作业是对课堂所教知识的复习、再现和消化吸收。学生只有在理解知识的前提下，独立思考并完成作业，才能使知识得到巩固和补充，变书本知识为自己的知识。如果解题时遇到困难，学生要学会查阅资料，学会从不同角度考虑问题。这样才能锻炼自己的独立思考能力，自学能力也自然会得到提高。

（三）一题多解

解题时尽可能做到一题多解，从不同的角度考察各知识点的联系和运用。教师应注意汇集和选择典型例题、习题，用以加强对学生解题能力的训练，帮助学生形成多向联系的知识网络，从而提高学生的自学能力。

二、充分利用课堂教学，提高学生的数学思维能力

数学知识是数学思维活动升华的结果，整个数学教学过程就是数学思维活动的过

程。因此，课堂教学作为学校教学的基本形式，在各种教学环节中始终占据主导地位，有着不可忽视的优点和作用。为了发挥课堂教学在发展学生思维能力方面的作用，高校数学教师要深入钻研教材内容，运用最优化的教学方法，做到理论联系实际，不断增强课堂教学的效果。具体来说，可以从以下几个方面去做：

（一）使学生对数学思维本身的内容有明确的认识

长期以来，数学教学过分地强调逻辑思维，特别是演绎逻辑的培养，因而导致了教师只注重培养学生"再现性的思维""总结性思维"等严重弊病。因此，为了发展学生的创造性思维，高校数学教师必须冲破传统数学教学中把数学思维单纯地理解成逻辑思维的旧观念，把直觉、想象、顿悟等非逻辑思维也作为数学思维的组成部分。只有这样，数学教育才能不仅赋予学生"再现性思维"，更重要的是还能赋予学生"再造性思维"。这里应该注意，为了不使学生对"再造性思维"望而生畏，应明确地给他们指出：不只是那些大的发明或创造才需要创造性思维，在用数学解决实际问题及证明数学定理时，凡是简捷的过程、巧妙的方法等都属于创造性思维的范畴。

（二）通过概念教学培养数学思维能力

进行数学概念教学，首先需要教师认识概念引入的必要性，创设思维情境及对感性材料进行分析、抽象、概括。比如，为什么要学习定积分，引入定积分概念的办法为什么是这样的，这样做的合理性是什么，又是如何想出来的，等等。也就是说，学习数学概念的目标，不仅是要解决"是什么"的问题，更重要的是要解决"是怎样想到的"的问题，以及有了这个概念之后，又该如何建立和发展理论的问题。总的来说，就是教师首先要将概念的来龙去脉和历史背景讲清楚。

其次，就是对概念的理解过程，这是一个复杂的数学思维活动的过程。理解概念是更高层次的认识，是对新知识的加工，也是对旧的思维系统的应用，同时又是建立和调整新的思维系统的过程。为了使学生正确而有效地理解数学概念，教师在创设思维情境、激发学生学习动机和兴趣以后，还要进一步引导学生对概念的定义进行分析，明确概念的内涵和外延，在此基础上继续启发学生归纳或概括出这一概念的一些基本性质及应用范围等。例如，在讲授定积分的概念时，教师可以先在黑板上画出几个规则的图形（如三角形、平行四边形、矩形等），让学生回答这些图形的面积计算公式；然后画出一个不规则的图形，同样让学生思考这个图形的面积的计算办法。这时，若学生回答不出来，教师可以适时地引导学生将不规则图形分割成曲边梯形，最后就可以将本节课要解决的问题归纳为"如何求曲边梯形的面积"。对求曲边梯形的面积的问题，教师可以引导学生通过"分割""近似代替""求和""取极限"四个步骤来解决，然后再给学生讲授变速直线运动的路程的计算问题，让学生在对两者的计算方法与步骤进行比较的基础上学习定积分的性质、计算方法及应用方式。总之，在数学概念形成的过程中，教师既要培养学生的创造性思维能力，又要使他们学到科学的研究方法。

最后还应指出，概念教学的主要目的之一在于应用概念解决问题。因此，教师还应阐明数学概念及其特性在实践中是如何应用的。例如，用指数函数表示物质的衰变特征，用三角函数表示事物的周期运动特征等。从应用概念的角度来看，数学概念教学不应局限于让学生获得概念的共同本质特征和引入概念的定义，还要让学生学会将客体纳入概念的本领，即掌握判断客体是否隶属于概念的能力。教育心理学研究表明，从应用抽象概念向具体的实际情境过渡时，学生一般会遇到较大困难，因为这时既要用到抽象的逻辑思维，更要借助形象的非逻辑思维。

综上所述，数学概念的教学在引入、理解、深化、应用等各个阶段都伴随着重要的创造性思维活动，因而都能达到培养学生数学思维能力的目的。

（三）通过证明数学定理培养数学思维能力

数学定理的证明过程就是寻求、发现和做出证明的思维过程。它几乎动用了思维系统中的各个部分，是一个错综复杂的思维过程。数学定理、公式反映了数学对象的属性之间的关系。要了解这些关系，教师就要尽量创造条件，从感性认识和学生已有的知识入手，以调动学生学习定理、公式的积极性，让学生了解定理、公式的形成过程，并设法使学生体会寻求真理的乐趣和喜悦。定理一般是在观察的基础上，通过分析、比较、归纳、类比、想象、概括、抽象而成的。这是一个思考、估计、猜想的思维过程。因此，定理结论的"发现"最好由教师引导学生独立完成，这样既有利于学生创造性思维的训练，也有利于学生分清定理的条件和结论，从而为学生进一步做出严格的论证奠定心理基础。

定理和公式的证明是数学教学的重点，因为它承担着双重任务，一是它的证明方法一般具有典型性，学生掌握了这些具有代表性的方法后可以"举一反三"。二是通过定理的证明可以发展学生的创造性思维。

总之，当一个命题出现在学生面前时，教师首先应该引导学生从整体上把握它的全貌，凭直觉预测其真假性，在建立初步确信感的基础上，通过积极的思维活动从认识结构里提取有关的信息、思路和方法，最后再给出严格的逻辑证明。

（四）讲授知识的同时抓住知识之间的联系

"学而不思则罔，思而不学则殆。"思维是以知识为基础的，如果教师只是传授知识，而不注意说明它们之间的联系，那么学生所学的知识就像一盘散沙，杂乱无章。为使所学的知识结构化和系统化，"思"和"学"必须紧密结合。为此，教师在传授知识的同时，必须紧紧抓住知识之间的联系，对学生进行思维训练，使他们能够运用所学知识举一反三。如在《高等数学》中，极限是整个高等数学的基础。连续、导数、定积分、偏导数、重积分、曲线积分、曲面积分和无穷级数等，均建立在极限定义的基础之上。

教师在讲授这些知识的时候，应注意引导学生抓住知识之间的内在联系，从而使学生学到的知识得以结构化和系统化，这将有助于培养学生的数学思维能力。

（五）授课语言要求严密准确

思维是有意识的头脑对客观世界的反映，而且思维过程是不可见的，但思维的过程、结果是可以用语言等手段间接显示的。可以说，语言是思想的直接体现，思维的实际性表现在语言之中。无论是人类思维的产生，还是人类思维活动的实现以及思维成果的表达都离不开语言。在抽象思维中，概念离不开词语，判断离不开句子，推理离不开词句。

课堂教学中的信息传递主要是通过语言实现的。准确、严密地运用课堂语言是完成课堂教学任务的决定因素，对培养、开发和发展大学生的数学思维能力也大有好处。教师的讲述、学生对问题的回答，都应具有完整性、条理性和严密性，不能挂一漏万，捉襟见肘。

三、培养学生的创造性思维，提高学生的数学思维能力

创造性思维是指人们对事物之间的联系进行的前所未有的思考。创造性思维不但是能深刻揭示事物的本质和规律的主要思维形式，而且能够产生独特的、新颖的思想和结果。创造性思维是一种十分复杂的心理和智能活动。在高等数学教学中，教师可以从以下五个方面着手，培养学生的创造性思维。

（一）引导学生提出问题和发现问题

提出问题和发现问题是一个重要的思维环节。爱因斯坦说："提出一个问题往往比解决一个问题更重要。"发现科学的第一个重要环节是发现问题。因此，引导和鼓励学生提出问题和发现问题是很有意义的。即使经过检验发现这个问题是错误的，但这个过程对学生思维的训练也是有益的。

（二）采用启发式的教学方式

培养创造性思维的核心是启发学生积极思考，引导学生主动获取知识，培养学生分析问题和解决问题的能力。比如，对数学中的问题或习题，教师主要应引导学生如何去想，从哪方面去想，从哪方面入手，怎样解决问题。

（三）鼓励学生大胆猜想

美籍匈牙利数学家波利亚在《数学的发现》一书中曾指出："在你证明一个数学定理之前，你必须猜想出这个定理；在你搞清楚证明细节之前，你必须猜想出证明的主导思想。"猜想，是一种领悟事物内部联系的直觉思维，常常是证明与计算的先导。猜想的东西不一定是真实的，其真实性最后还要靠逻辑或实践来验证，但它却蕴含着极

大的创造性。在高等数学教学中，教师要鼓励学生大胆猜想，从简单的、直观的、特殊的结论入手，根据数形对应关系或已有的知识，进行主观猜测或判断，或者将简单的结果进行延伸、扩充，从而得出一般性的结论。

（四）训练学生的发散思维

发散思维是根据已知信息寻求多种解决方案的思维方式，即不墨守成规，从多方向思考，然后从多个方面提出新假设或寻求各种可能的正确答案。发散思维是创造性思维的主导成分。因此，在高等数学教学中，教师应采用各种方式对学生进行发散性思维能力培养。比如，教师在讲课时，对同一问题可用不同方法进行多方位讲解或给出不同解法；在总结知识时，可以从不同的角度进行总结概括。

（五）充分利用逆向思维

逆向思维是与习惯思维相对的另一种思维方式，它的基本特点是：从已有思路的反方向去思考问题。如前文所说的，顺推不行，就考虑逆推；直接解决不行，就想办法间接解决；正命题研究过后，研究逆命题；探讨可能性却遇到困难时，就考虑探讨不可能性。这样的思维有利于学生克服思维习惯的保守性，往往能产生一些意想不到的效果，从而促进学生数学创造性思维的发展。培养学生的逆向思维可从以下几个方面去做：第一，注意阐述定义的可逆性；第二，注意公式的逆用，逆用公式和顺用公式同等重要；第三，对问题的常规提法与推断方式进行反方向思考；第四，注意解题中的可逆性原则，如正面解题受阻时，可逆向思考。

四、培养数学元认知能力，提高学生数学思维能力

在众多的元认知定义中，以元认知研究的开创者美国发展心理学家约翰·弗拉维尔的界定最具代表性。1976 年，他将元认知表述为"个人关于自己的认知过程及结果或其他相关事情的知识"，以及"为完成某一具体目标或任务，依据认知对象对认知过程进行主动的监测以及连续的调节和协调"。1981 年，他对元认知做了更简练的概括：元认知就是"反映或调节认知活动的任一方面的知识或认知活动"。可见，元认知这一概念包含两个方面的内容，一是有关认知的知识，二是对认知的控制与调节。也就是说，一方面，元认知是一个知识实体，它包含静态的认知能力、动态的认知活动；另一方面，元认知也是一种过程，即对当前认知活动的意识、控制与调节过程。作为"关于认知的认知"，元认知在认知活动中起着重要作用。数学元认知能力，就是学生在数学学习中，对数学认知过程的自我意识、自我监控的能力，它以数学元认知知识和元认知体验为基础，并在对数学认知过程的评价、控制和调节中显示出来。就其功能而言，它对数学认知过程起指导、支配、决策、监控的作用。

高职阶段的数学教学更强调理解、领会教材，强调独立思考，强调自我管理。高

职院校数学课程的主要内容是高等数学，高等数学中的问题解决可以说是创造性的数学思维活动。与其他较低水平的心理活动相比，高等数学问题的解决更需要元认知的统摄、调节和监控。因此，在高等数学教学中培养学生的数学元认知能力，对提高学生的数学学习成绩，优化学生的思维品质乃至提升学生的综合素质都具有重要作用。

教师在数学教学中应充分尊重学生在学习中的主体地位，采用科学的教学方法，有目的、有计划地对学生进行元认知的培养和训练。首先，教师应该丰富学生的元认知知识，教给学生提升元认知能力的策略。其次，教师要加强对学生元认知操作的指导，提升学生的自我规划、自我控制、自我评价能力。此外，教师应培养学生的数学反思能力和概括总结等习惯。

五、培养学生积极的数学态度，提高学生的数学思维能力

高等数学的教学内容不仅仅是数学知识，还应包括对数学的精神、思想和方法的学习与领悟、数学思维方式的形成、对数学的美学欣赏、对数学的好恶以及对数学产生的文化价值的认识。这些都属于对数学的态度。态度是指影响个体行为选择的心理状态，积极而正确的数学态度有利于学生数学思维能力的培养。

（一）数学态度包含的内容

1. 对数学学科的认识

对数学学科的认识，也可称作数学观或数学信念。当我们向学习过数学的人提出"什么是数学"的问题时，他的回答就代表他的数学观。大学生对数学学科的认识一般停留在"数学就是逻辑、数学就是计算与推理、数学是思维的体操、数学是一种工具、数学就是一大堆定理和公式、数学就是解题等等"这个层次。教师应通过高等数学教学，让他们对数学学科的认识上升到"数学是一种科学的语言、数学是一种思想、数学是一种理性的艺术、数学是一种文化"这样的更高的层次。

2. 对数学美的欣赏以及对数学中辩证思想的感受与认识

对数学的简洁美、和谐美、统一美、奇异美的认识；对高等数学中的有限与无限、常量与变量、曲与直、精确与近似等矛盾对立统一体的辩证认识，实际上就是对数学的哲学认识。恩格斯认为："微积分，本质上不外是辩证法在数学方面的运用。"这不仅仅是哲学家的思考，更能代表恩格斯对数学的情感体验。接受数学教育的学生不一定有这么高的认识，但形成有关这方面的一些初步认识这一目标还是可以达到的。这种学习结果不仅仅体现在欣赏与感受上，还体现在对个体的思维方式的影响上，并能迁移到其他领域中去，对学习和研究都有很大的意义。比如，一些数学家对某些定理的推广研究，很多时候就是按美学原则进行的。

3. 对数学的兴趣

大学生对思维的对象是否感兴趣是思维能力培养能否成功的重要因素。一个人如果对自己研究的对象缺乏兴趣，那么让他在自己所研究的领域进行创造性的思维活动几乎是不可能的，因为他丧失了进行创造的动力机制。爱因斯坦说过："在我们之外有一个巨大的世界，它离开我们人类而独立存在。它在我们面前就像一个伟大而永恒的谜……对这个世界的凝视和深思，就像得到解放一样吸引着我们，而且我不久就注意到，许多我们尊敬和敬佩的人，在专业从事这项事业的过程中，都找到了内心的自由和安宁。"显然，兴趣是思维的动力。

4. 持之以恒

持之以恒，永不放弃，对获得学术成功是十分重要的。思维是一项艰苦的活动，只有努力坚持才会有回报。有些学生一碰到困难任务就退缩，没有开始就败下阵来，有些则半途而废。研究发现在数学方面，学优生和学困生的差异可直接归因于坚持时间的长短。学困生认为，如果一个问题不能在十分钟内得到解决，自己就可能会放弃；而学优生则会坚持下去，直到解决问题为止。不管一个人有多高的天分，也不管他对自己的思维对象怀有多么强烈的兴趣，如果他是浮躁的、缺乏意志力的，他就不会把自己的注意力锲而不舍地集中在自己的思维对象上。思考是一件极其艰辛的劳动，没有顽强的意志力是什么也干不成的。中国当代数学家陈景润说过："做研究就像登山，很多人沿着一条山路爬上去到了最高点就满足了。可我常常要试九至十条山路，然后比较哪条山路爬得最高。凡是别人走过的路，我都试过了，所以我知道每条路能爬多高。"

5. 正确看待错误

每个人都会犯错，关键是怎样对待自己所犯的错误。有的人能够从错误中学习，通过反思了解什么地方出了错，哪些因素导致了错误，发现并抛弃无效的策略，以改善思维的过程。认真研读前人的著作，特别是具有原创思维的大思想家的著作是认识和矫正错误的一个好方法。只有不断地与具有原创思维的第一流的思想家、科学家对话，才能锻炼我们的思维，激发我们的创造热情。

6. 有合作精神

合作精神是我们这个时代必需的，一个没有合作精神的人是很难取得较大成功的。一个优秀的思考者应具备较高水平的沟通和交流技巧，具备善于听取别人的意见来调节自己的思路，互助互让并达成一致的品质。如果没有合作精神，即使是最伟大的思想家也难以把思想变为行动。

（二）转变学生的数学态度

数学态度就是数学教学过程中情感体验的结果，它在每一节课中发生，又在一定阶段得到提升与沉淀。首先，高等数学教师在做教学设计时，要把数学态度列入教学方案；其次，要看到许多学生在学习高等数学之前已形成了消极的数学态度，这势必会影响其对高等数学的学习。所以，教师要帮助这些学生扭转消极的情绪与认识，使他们逐渐形成积极的数学态度，提高学习的自信心。为此，高等数学教师要做到以下几点：

1. 加强学习，提高自身素质

很多教师有较高的学历，对数学有自身的情感体验，但要想帮助学生在高等数学学习中形成积极的数学态度，还应该进一步提高自身的数学教育素质。一方面要多读一些与数学史、数学哲学、数学方法论、辩证法以及与美学有关的书籍；另一方面，还应加强对教育理论的学习，更新教育观念，以现代教育理念设计每一堂课，营造和谐、平等、民主、快乐的高等数学课堂氛围，把教学过程看作教师与学生交流的过程。这样的学习氛围对缓解学生的压力，避免数学学习焦虑的产生，进而得到愉悦的情感体验，形成良好的数学态度都是大有益处的。

2. 以积极的数学态度引领学生形成稳定、积极的数学态度

要想引领学生形成稳定、积极的数学态度，就要求教师每一堂课都能以对数学的无限热爱、对数学美的无限欣赏以及对数学无限崇敬的精神状态出现在学生面前。教师对数学的这种积极情感定会感染学生，使他们对数学产生极大的兴趣，从而喜欢数学、热爱数学、增强学习数学的信心。这样一来，学生在每一堂课上得到的情感体验就会逐渐地稳定下来，并对他们后续的学习产生积极的影响。如果教师能够以积极的数学态度经常影响学生，并在具体的教学内容上将这种积极的态度体现出来，就会使这种积极的态度在学生的思维中扎下根，促使他们形成稳定的数学态度。

3. 全方位、多角度促进学生形成积极的数学态度

虽然课堂是素质教育的主战场，是良好的数学态度形成的主要渠道，但由于一部分学生在应试教育以及其他因素的影响下，已经形成了相对稳定的消极的数学态度。所以，要扭转这部分学生的数学态度，单靠课堂教学是难以做到的。教师应全方位、多角度地想办法，以促成学生形成积极的数学态度。比如，课下访谈、组织课下学习小组、结对子等办法。此外，高等数学的课时非常紧张，涉及数学史与数学家传记的内容在课堂上不能占用过多的时间，因此教师可在课前或课后布置与教学内容相关的阅读作业，以增强学生学习高等数学的兴趣，进而取得良好的教学效果。

总之，培养学生的数学思维能力是现代社会发展的要求，落实它是一项艰巨的任务。数学思维能力的培养是一项系统工程，涉及数学科学、心理学、教育学等专业理论，需要数学教师、教育工作者、教育管理者的共同努力。思维是一个广义的抽象的事物，它看不见、摸不着，只有有思想、有思考能力的人才能感受到它的存在。数学思维能力的形成与发展既受主观因素的影响，又因人而异，因此如何培养学生的数学思维能力，还有待我们进行更广更深的探讨。

第五章　数学应用意识的培养

第一节　数学应用意识概述

一、数学应用意识的界定

（一）意识的含义

人的心理是最高级的反映形式，意识是人所特有的心理现象。但心理学家对意识至今尚无一个统一的定义。本文引用我国心理学教授潘菽对意识所下的定义，即意识就是认识。具体地说，一个人在某一时刻的意识就是这个人在那个时刻，在生活实践中对某些客观事物的感觉、知觉、想象和思维等的全部认识活动。如果一个人只有感觉和知觉而没有思维方面的认识活动，那他就不会有意识。例如，我们听到了呼唤声，在心理上可能会有两种反应：一是我们只是听到了一种声音，由于当时正集中精力从事某种工作，并未理会这是一种什么声音，因而可能"听而不闻"；另一种情况是，我们不但听到了声音，而且还知道这种声音是对自己的呼唤，并且做出相应的应答。在前一种情况下，虽然我们有某种感觉，但不能说我们是有意识的。只有在第二种情况下，才能够说我们是有意识的。

（二）数学应用意识的内涵

数学应用意识在本质上就是一种认识活动，是主体主动从数学的角度观察事物、阐述现象、分析问题，用数学的语言、知识、思想方法描述、理解和解决各种问题的心理倾向。

二、培养学生数学应用意识的必要性

（一）改善数学教育现状的需要

我国的数学教育在培养社会所需人才方面有重要的作用，如在促进学生智力的发展上，数学科学就显示出了其他自然科学无法比拟的优势。"数学是思维的体操""数

学是智力的磨砺石"的观点已被公认。但是，我国目前的数学教育现状已不能适应人才市场的需求，主要反映为在课程安排上片面强调学科的传统体系，忽视相关学科的综合和创新，教学模式陈旧，课程内容缺少与"生活经验、社会实际"的联系，没有很好地体现数学的背景和应用；教学过程中重知识灌输、轻实践能力的状况仍很普遍，对学生应用能力的培养以及创新精神、创业能力的培养的重视不够。中国高校学生数学学习的症结在于：强于基础，弱于创造；强于答卷，弱于动手。造成这种情况的原因有多个方面，其中一点就是人们对数学价值的认识太过单一，至今还有很多人只把数学看作一种逻辑思维。

数学意识是判断一个学生是否具备数学素质的首要条件，它包含学生应用数学的意识。数学教师必须有一种危机感，在教学中应切实贯彻培养学生的数学应用意识的原则。

（二）适应数学内涵的变革

从古希腊开始，纯粹数学一直占据数学科学的核心地位，它主要研究事物的量的关系和空间形式，以追求概念的抽象与严谨、命题的简洁与完美作为数学真谛。20 世纪以后，这种状况发生了根本改变，数学以空前的广度与深度向其他科学技术和人类知识领域渗透，再加上电子计算机的普及，使得数学的应用突破了传统的范围，正在向包括从粒子物理到生命科学、从航空技术到地质勘探在内的一切科技领域进军，乃至向人类几乎所有的知识领域渗透。这一切都证明数学本身的性质正在经历一场脱胎换骨的变革，人们对"数学是什么"有了新的认识，即从某种意义上说，数学的抽象性、逻辑性是对数学内部而言的，数学的应用性是对数学外部而言的。人类认识与理解宇宙世界的变化，显然应该从同一核心出发向两个方向（数学的内部和数学的外部）前进。因此，数学教育应该培养学生的应用意识，改变数学教育只重视发展需要的倾向。

（三）促进建构主义学习观的形成

建构主义学习观认为，数学学习并不是对外部信息的被动接受，而是一个以学习者已有的知识与经验为基础的主动建构思维的过程。建构理论强调认识主体内在的思维建构活动，与素质教育重视人的发展是一致的。现今的数学教育改革，以建构主义理论为指导，强调数学学习的主动性、建构性、累积性、顺应性和社会性。其中，前四条性质受认知主体的影响较大，而社会性是指主体的建构活动必然要受外部环境的制约和影响，特别是要受学生生活的社会环境的影响。随着科学技术的飞速发展，学生的生活环境、社会环境与过去相比发生了较大的变化。科学技术的发展使学生的生活质量普遍提高。同时，报纸、杂志、电视、广播及计算机网络等多种大众传媒的普及，扩大了学生获得信息的渠道，开阔了学生的视野，丰富了学生的经验和文化。因此，数学教育的改革不应忽视这些对学生发展有重要影响的因素。

数学的发展，特别是应用数学的发展，使我们感受到数学与现实生活之间存在着紧密的联系。因此，在数学教学中适当增加数学在实际中的应用的内容，有利于激发学生的学习动机，提高他们学习的主动性和积极性。学生通过对现实生活中的现象与事物的观察、试验、归纳、类比以及概括来积累学习数学的事实材料，并由事实材料抽象出概念体系，进而建立起对数学理论的认识。当然，其中也包含了探索数学理论是如何应用的过程。这样的学习过程，才符合建构主义对学习的认识。

（四）推动我国数学应用教育的发展

我国数学应用教育的发展在历史上一波三折。原来的教学大纲虽然在一定程度上反映了重视数学应用的思想，但在实际上还是把着眼点放在培养"三大能力"上，特别是逻辑思维能力上。随着社会对数学需求的变化，数学应用教育培养学生的侧重点也有所改变。因此，帮助广大接受数学教育的人在学习数学知识和技能的同时，树立应用数学的意识是数学教育改革的宗旨。正如曾任北京师范大学教授的严士健所说："学数学不是只为升学，要让他们认识到数学本身是有用的，让他们碰到问题时能想一想：能否用数学解决问题，即应培养学生的应用意识，无应用本领也要有应用意识，有无应用意识是不一样的，有应用意识的人遇到问题就会想办法，工具不够就去查。"

第二节　影响数学应用意识培养的因素剖析

一、教师的数学观

很多研究表明，课程与教材的内容、教育思想等都会影响教师的数学观，而教师的数学观又与其课程教学内容有着密切的联系。教师在不同的数学观的作用下会营造出不同的学习环境，从而影响学生的数学观以及学习结果。在传统数学教学中，教师把数学看成一个与逻辑有关的、有严谨体系的、关于图形和数量的精确运算的一门学科，于是学生体验到的数学就是一大堆法则的集合。解决数学问题的方法便是代入适当的法则，然后得出答案。尽管教师一致强调数学与社会实践以及与日常生活之间的联系，但却把在日常生活中有广泛应用的数学知识，如估算、记录、观察、数学决定等方面的知识看成与数学无关的内容。

教师在教学实践中对数学应用存在以下认识，如将应用数学等同于会解数学应用题，把数学应用固化为一种绝对的静态的模式。事实上，数学应用题是实际问题经过抽象提炼、形式化、重新处理以后得出的带有明显特殊性的数学问题，它仅仅是学生了解数学的一个窗口，是数学应用的一个阶段。如果把数学应用囿于让学生学会解决各种类型的数学应用题，那数学应用就会沦为一种僵化的解题训练，从而失去鲜活的色彩。教师应该清楚地认识到，对同一个问题，应用不同的数学知识和方法可能得出不同的结论，从数学观点来看它们都是正确的，哪一个结论更符合实际要靠实践检验，它是一个可控的、动态的思维过程。因此，我们强调数学应用，绝不是搞实用主义，忽视数学知识的学习，而是注重在应用中学，在学中应用，体现"源于生活，寓于生活，用于生活"的数学观。部分教师之所以会对数学应用存在这样的片面认识，是因为他们所持的数学观是静态的、绝对主义的数学观和工具主义的数学观。

二、学生的数学观

先看这样一组统计资料：

约有三分之一的学生认为数学就是计算，解题就是为了求出正确答案；

不少学生只有在课堂上和考试时才感觉数学有用，离开了教室和考场就感觉不到数学的存在；

理科成绩优秀的学生中超过半数的人不愿意到数学专业或与数学有着密切关系的专业学习，甚至一些全国高中数学联赛的获奖者也毅然放弃被保送到高校学习数学的机会。

上述种种现象表明，学生对数学的理解和看法具有简单性和消极性，他们的数学观是不完善的，片面的。对有这样认识的学生，很难说他们具有良好的数学应用意识。

一般地，数学观是人们对数学的本质、数学思想及数学与周围世界的联系的根本看法和认识。有什么样的世界观就会有什么样的方法论。一个人的数学观支配着他从事数学活动的方式，决定着他用数学处理实际问题的能力，影响着他对数学乃至整个世界的看法。因此，关注学生的数学观，是为了让教师认识到，从建立学生良好数学观的角度出发来设计教学活动，才能谈得上培养学生的数学应用意识。高校学生至少应具备如下的数学观：数学与客观世界有密切的联系；数学有广泛的应用；数学是一门反映理性主义、思维方法、美学思想并通过对数与形的研究揭示客观世界和谐美、统一美的规律的学科；数学是在探索、发现的过程中不断发展变化的，它是一门包含尝试、错误、改正与改进等学习过程的学科。

笔者认为，学生形成现有的数学观的原因如下：

把数学等同于计算。在我国数学史上，有关算术和代数的成果比几何要多，即便是几何研究，也偏重计算。反映在教材上，无论是小学教材，还是中学教材，或是大学教材，数学计算内容远多于数学证明内容。

把数学看成一堆概念和法则的集合。教师在教学中多采用精讲多练的方式，把注意力更多地放在做题上。久而久之，学生因看不到或很少看到概念与概念之间、法则与法则之间、概念与法则之间、章节之间、科目之间存在着的深刻的内在联系，从而对数学的应用产生上述误解，也就难以体会到数学的威力、魅力和价值。

对数学问题的观念呆板化。现有资料给学生提供的数学问题，如教科书上的练习题、复习题，或者考试题，都是常规的数学题，都有确定的或唯一的答案，学生较少遇到应用题。即使遇到，这些应用题大多也已经过教师的"解剖"而转化为可识别的或固定的一种题型。

学生看不到或很少看到活生生的数学问题。现实生活中存在着丰富多彩的与数学相关的问题，然而由于各种原因，它们与学生的数学世界隔离开来。多数学生对这些问题认识肤浅，甚至没有认识，从而严重影响了学生数学应用意识的形成。

三、教学方法存在问题

受多种因素的共同影响，传统的数学教育既不讲数学是怎么来的，也不讲数学怎么用，而是"掐头去尾烧中段"，直接讲推理演算。过去的教学方法主要是"注入式"的，现在虽提倡并部分实施"启发式"的教学方法，也不过是精讲多练；教学中强调学生对数学概念的理解以及数学定理、公式的证明和推导，对各种题型进行一招一式的训练，注重学生对知识和解题技巧的记忆和模仿，而忽视了从实际出发的教学要求；对应用题教学，忽视有计划、有针对性的训练，不能把应用意识的培养落实到平时的教学及每一个教学环节之中。

任何数学知识都有其发生和发展的过程，教学过程中的"掐头去尾"实际上剥夺了学生理解"数学真实的一面"的机会，导致学生对数学的认识狭隘、片面。题型的训练在短期内会取得一定的效果，但长期如此，学生很难体会到对学习数学真正有用的东西——数学思想。这种教学只能将学生培养成考试的"工具"，而不可能培养学生强烈的数学应用意识。

第三节　培养学生数学应用意识的教学策略

一、教师要确立正确的数学观

前面探讨了影响学生数学应用意识培养的因素，从表面上看，教师对数学应用认识的误区，学生对数学应用的片面认识，以及教材、传统教学方法的不足等都是教学实践中培养学生数学应用意识的障碍。然而，如果从数学认识的角度出发看这些原因，不难发现矛盾集中在教师对数学的认识上。若教师持有的是静态的数学观，则其对"数学应用"的认识存在明显的不足，教师在这种数学观的指导下设计的有关数学应用的教学活动，就不能很好地达到培养学生数学应用意识的目的。

学生的数学观是在其参与数学学习活动的过程中形成的，受教育的各种因素的影响和作用，其中主要影响因素是课堂教学中教师的数学观。教师的数学观是教师实施数学教育活动的灵魂，它不仅影响着学生数学观的形成，还影响着教师教育观的重构及教师的教育态度和教育行为，进而影响教育的效果。如果教师认为数学是"计算＋推理"的科学，那么他在教学中就会严守数学知识本身的逻辑体系，只会更多地注重数学知识的传授，强调培养学生的运算能力、逻辑思维能力和空间想象能力，而不去关心数学知识的学习过程及数学应用问题。

是否应该强调数学应用，如何讲数学应用，这里有个观念问题。我国历来是重视理论联系实际的，数学教材里也设置了一定数量的实际应用题。但在教学实践中却出现了只把它们当作专项题型来练习的现象。数学应用不应局限在给出数据、套公式这种形式的应用，它应该包含知识、方法、思想的应用及数学应用意识。在这样的观念下，我们有必要认识与数学应用相关的几个问题：

（一）允许非形式化

形式化是数学的基本特征，即应在数学教学中努力体现数学的严谨化推理和演绎化证明的重要性。然而在建立每一个数学概念，发现每一个定理的过程中，非形式化手段都是必不可少的。但由于人们看到的通常都是数学成果，且它们主要表现为逻辑推理，所以人们往往会忽视推导的艰难历程以及在此过程中使用的非逻辑、非理性的手段。再加上传统教学"掐头去尾烧中段"的特点，恰好忽略了过程，忽略了学生在教学中在有关实验、直观推理、形象思维等方面的体验，使得学生对数学只知其一不知其二。在数学的实际应用中，处理的具体问题往往以"非形式化"的方式呈现。因此，要想培养学生的数学应用意识，必须改变把形式化看成数学的灵魂这一观念。教师应正确理解数学理论，即形式化的理论只是相应的数学活动的最终产物。数学活动本身必然包含非形式化的成分。教师在数学概念教学中，应考虑对数学概念的直观背景的陈述以及数学直觉的应用。"不要把生动活泼的观念淹没在形式演绎的海洋里""非形式化的数学也是数学"，数学教学要从实际出发，从问题出发，对概念类知识进行讲述，最后落实到应用层面。

（二）强调数学精神、思想、观念的应用

教学中所讲的数学应用，侧重把数学作为工具，用于解决那些可数学化的实际问题。事实上，数学中蕴含的组织化精神、统一建设精神、定量化思想、函数思想、系统观念、试验、猜测、模型化、合情推理、系统分析等，都在人们的社会活动中有着广泛的应用。对数学应用的正确认识，必然包括一点：数学应用不是"应用数学"，也

不是"应用数学的应用";不是"数学应用题",也不是简单的"理论联系实际";而是一种通识、一种观点、一种意识、一种态度、一种能力,包括运用数学的语言、数学的结论、数学的思想、数学的方法、数学的观念、数学的精神等。

要在数学应用问题的教学中显示出数学活动的特征,教师的数学观就显得尤为重要。如果教师对数学有以下认识:"数学的主要内容是运算""数学是有组织的、封闭的演绎体系,其中包含相互联系的各种结构与真理""数学是一个工具箱,有各种事实、规则与技能累积而成,数学是一些互不相关但都有用的规则与事实的集合",那么任何生动活泼的数学教学活动都会变成静态的解题式训练。为了应付考试,数学应用题教学已变成题型教学。如果教师能认识到"数学是以问题为主导和核心的一个连续发展的学科,这些问题在发展过程中,生成了各种模式,并被提取成为知识",那么就不难理解数学应用意识的培养不是讲几道应用题就能实现的。教师应注意加强数学教学内容与现实世界的密切联系,使学生经历数学化和数学建模这些生动的数学活动的过程,这样做将会让学生对数学的认识有很大改观。

"鸡兔同笼"是中国古代著名的趣题之一。大约在一千五百年前,《孙子算经》中就记载了这个有趣的问题。对这个问题,书中是这样叙述的:"今有雉兔同笼,上有三十五头,下有九十四足,问雉兔各几何?"这四句话的意思是:有若干只鸡兔同在一个笼子里,从上面数,有三十五个头;从下面数,有九十四只脚。问笼中各有几只鸡和兔?美国宾夕法尼亚州立大学数学教授杨忠道先生1988年撰文回忆,他小学四年级时的数学教师黄仲迪先生是如何讲授此题的,并认为黄先生讲解的"鸡兔同笼"激起了他本人对数学的兴趣,成了他数学工作的起点。黄先生讲解此题时不是直接给人结论,而是先给出求鸡兔个数的公式,着重于获得结论的过程,引导学生在获得结论的过程中进行观察、分析、思考。

综上所述,从数学应用的实际教学及学生形成的数学观来分析,教师在静态的、工具主义的数学观的指导下设计的教学问题,不利于学生的应用意识的培养,动态的、文化主义的数学观应受到教师的重视,而且教师应努力地将其应用到教学中,以培养学生的数学应用意识。同时,必须把握一点:数学应用不仅是目的,也是手段,是实现数学教育其他目的不可或缺的重要手段,是提高学生全面素质的有效手段。学生要在应用中建构数学思想、理解数学;在应用中进行价值选择,在应用中学会创新,求得发展。

二、加强数学语言教学,提高学生的阅读理解能力

数学阅读是一个完整的心理活动过程,它包括语言的感知和认读、新概念的同化和顺应、阅读材料的理解和记忆等,同时它也是一个不断分析、推理、想象的积极能

动的认知过程。也就是说，数学阅读是一个提取、加工、重组、抽象和概括信息的动态过程。由于数学语言具有高度抽象性，数学阅读需要较强的逻辑思维能力。在阅读过程中，学生必须认识、感知阅读材料中有关数学的术语和符号，理解每个术语和符号的含义，并能正确依照数学原理分析它们之间的逻辑关系，最后达到对材料的本质理解，形成完整的认知结构。

应用题的文字叙述一般都比较长，涉及的知识面也较为广泛。阅读并理解题意成为解应用题的第一道关卡，不少学生正是由于读不懂题意而在解决问题的过程中频频遇到障碍。因此，教师可从以下方面入手：一是要提高学生对数据和材料的感知能力与对问题形式结构的掌握能力，使学生能够将实际问题转化为数学问题，然后用数学知识和方法去解决问题。二是要提高学生的阅读理解能力。在具体操作中，教师要告诉学生应耐心细致地阅读题目，碰到较长的语句时，可以在关键词和数据上标注记号以帮助自己阅读理解，同时必须弄清每一个名词和每一个概念，搞清每一个已知条件和结论的数学意义，挖掘实际问题对所求结论的限制等隐含条件。在阅读题目的过程中，还要对问题进行必要的简化，用精确的数学语言来翻译一些语句，使题目简明、清晰。

三、数学应用意识教学应体现"数学教学是数学活动的教学"

从数学的本质来看，数学是人类的一种创造性活动，是人类对外部物质世界与内部精神世界的一种理解模式，是关于模式与秩序的科学。传统的数学教学是按严密的逻辑方式展开的，在这样的教学方式下，数学成为一种僵化的和封闭的规则体系。这仅仅反映了数学是关于秩序的科学的一面，而数学更是关于模式的科学，是一门充满探索的、动态的、渐进的思维活动的科学。

在教学实践中，要体现"数学教学是数学活动的教学"，把握"数学是一门模式的科学"这一数学本质。"数学教学是数学活动的教学"具体体现为两方面：

一是数学活动是学生经历数学化过程的活动。数学活动就是学生学习数学，探索、掌握和应用数学知识的活动。简单地说，在数学活动中要有数学思考的含量，数学活动不是一般的活动，而是能够让学生经历数学化过程的活动。数学化是指学习者从自己的数学现实出发，经过自己的思考，得出有关数学结论的过程。

二是数学活动是学生自己建构数学知识的活动。从建构主义的角度看，数学学习是指学生自己建构数学知识的活动，在开展数学活动的过程中，学生与教材（文本）及教师产生交互作用，形成了数学知识、技能和能力，发展了情感态度和思维品质。每位数学教师都必须深刻认识到，是学生在学习数学，学生应当成为主动探索知识的"建构者"，学生绝不只是模仿者。

　　"数学应用"指运用数学知识、数学方法和数学思想来分析研究客观世界的种种表象，并加工整理和获得解决问题的方法的过程。从广义上讲，学生的数学活动中必然包含着数学的应用。数学应用主要体现在两个方面：一个方面是数学的内部应用，即我们平常对数学基础知识的系统学习；另一方面是数学的外部应用，即数学在生活、生产、科研实际问题中的应用。数学应用不能等同于"应用数学"，要让学生学会"用数学于现实世界"。教师要改变目前教学中只讲概念、定义、定理、公式及命题的纯形式化数学的现象，还原数学概念、定理、命题产生及发展的全过程，体现数学思维活动的教学思想。只有认清这一点，才能在高校数学教育中培养学生的应用意识和能力。

　　为了使学生经历应用数学的过程，数学教学应努力体现"从问题情境出发，建立模型，寻求结论，应用于推广"的基本过程。针对这一要求，教师应根据学生的认知特点和知识水平，使学生认识到数学与现实世界的联系，通过观察、操作、思考、交流等一系列活动逐步发展自己的数学应用意识，形成初步的实践能力。这个过程的基本思路是：以比较现实的、有趣的或与学生已有知识相联系的问题引起学生的讨论；在解决问题的过程中，让学生带着明确的解决问题的目的去了解新知识，形成新技能，反过来解决原先的问题；让学生在这个过程中体会数学的整体性，体验策略的多样化，强化数学应用意识，从而提高解决问题的能力。

　　在实际教学中，我们应注意以下几点：

　　第一，切实进行思维全过程、问题解决全过程的教学。从现实背景出发引入新的知识，教师需要讲清知识的来龙去脉，让学生发现问题，从数学的角度分析问题并探索解决问题的途径，验证并应用所得结论的全过程。在此过程中要注意一点，上述过程要由教师引导学生按步骤体验，切忌由教师全盘端出。

　　第二，不能简单地把"由实际问题引入数学概念"看作只是"引入数学教学的一种方式"，而应站在数学应用的高度，将它视为数学地思考实际问题的训练，也就是把现实问题数学化的过程。

　　第三，对数学理论的应用，不能简单地认为其目的只是加深对理论的理解和掌握，而要站在数学应用的高度来认识它，其着眼点在于对数学结果的解释与讨论，对用数学解决实际问题的意义和作用的分析。

　　第四，加强对数学应用的教学。

　　教师在设计教学活动时，还应遵循如下原则：

　　第一，可行性原则。数学应用的教学应与学生所学的数学知识相配合，与现行教材有机结合，与教学要求相符合，与课堂教学进度保持一致，不可随意加深、拓宽，增加学生的学习负担，脱离学生的学习实际。所以，教师要把握好"切入点"，引导学生在学中用，在用中学。

　　第二，循序渐进原则。不同学段的学生在数学应用的过程中有不同的侧重，因此在应用数学解决实际问题时，教师应考虑学生的认知特点和实际水平，做到由浅入深，以利于排除学生畏惧数学应用的心理障碍，调动学生的学习积极性，使数学应用教学收到良好的效果。例如，对处于感知和操作阶段的学生，教师在教学中应以学生熟悉的生活、感兴趣的事物为背景为其提供观察和操作的机会；对已经能够理解和表达简单事物的性质、能领会事物之间简单关系的学生，教师应注意在结合实际问题时，强化学生对数学知识之间的联系的体验，进一步让学生感受数学与现实生活的密切联系；对抽象思维已有一定程度的发展且具备初步推理能力的学生，教师应更多地运用符号、表达式、图表等数学语言，联系数学以及其他学科的知识，在比较抽象的水平上提出数学问题，加深学生对数学语言的理解。

第三，适度性原则。教师在数学应用的实际教学中应掌握好几个"度"（难度、深度、量度）。进行数学应用教学并不仅仅是为了给学生扩充大量的数学课外知识，也不仅仅是为了解决一些具体问题，还为了培养学生的数学应用意识，培养学生的数学素质和数学能力。

四、激发学生学习数学的兴趣，提高学生的数学应用意识

学生对数学的内在兴趣，是其学习数学的强大动力。爱因斯坦说过："兴趣是最好的教师，它永远胜过责任感。"只有当学生对数学产生浓厚的兴趣，思维达到"兴奋点"，他们才会积极主动地去探究数学问题，带着愉悦、激昂的情绪去面对和克服一切困难，去比较、分析、探索认识对象的发展规律，展现自己的智慧和才干；也只有充分发挥学生作为主体的能动作用，学生才能在数学学习中增强应用意识。在具体的教学中，教师可采用如下方法：

（一）创设数学情境

教师应尽量通过给学生提供有趣的、现实的、有意义的和富有挑战性的感性材料创设数学情境，引导学生从中发现问题、提出问题，并在"问题"的驱使下主动探索解决问题的方法。数学情境也是促进学生建构良好认知结构的推动力。

1. 用实际问题引入新课

在课堂教学中，经常用实际问题引入新课，既能避免平铺直叙之弊，又能增强学生的应用意识。同时，也能给学生提供一个充满趣味的学习情境，激发他们对新知的探究热情。如教师在讲授"微分学的应用"之前，可运用"海鲜店李经理的订货难题"这样的实际问题引入新课：

某海鲜店距离海港较远，其全部海鲜的采购均通过空运送到店内。采购部李经理每次都为订货发愁，因为若一次订货太多，海鲜店采购的海鲜会卖不出去，而卖不出去的海鲜死亡率高且保鲜费用也高。而若一次订货太少，则一个月内订货批次必然增

加，这样会造成采购运输费用奇高，还有可能失去一些商机。

李经理为此伤透了脑筋，如果你是李经理的助手，请问你认为怎样帮助他选择订货批量，才能使每月的保鲜费用与采购运输费的总和最小？

2. 在例题、习题教学中引入丰富的生活情境

荷兰数学家弗赖登塔尔的"现实数学"思想认为：数学来源于现实，也必须扎根于现实，并且应用于现实，数学教育如果脱离了那些丰富多彩而又复杂的背景材料，就将成为无源之水、无本之木。在例题与习题教学中，教师应根据学生的生活经验，创设逼真的、丰富的生活情境，激发他们的学习兴趣，吸引他们更加主动地投入课堂学习，这将更加有利于学生的数学应用意识的培养。

3. 创设可进行实验操作的探究情境

教师可通过有目的地向学生提供一些研究素材来创设情境，让学生通过观察、实验、作图、运算等实践活动，探索规律，建立猜想，然后让学生通过严格的逻辑论证，得到概念、定理、法则、公式等。由此可以让学生有运用数学知识解决问题的成功体验。

（二）引导学生感受数学应用价值

在数学教学中，教师不仅应该关注学生对数学基础知识、基本技能以及数学思想方法的掌握情况，还应该帮助学生拓宽视野，了解数学对人类发展的价值，特别是它的应用价值，让学生既有知识又有见识。数学与现代科技的发展使得数学的应用领域不断扩展，其不可忽视的作用被越来越多的人认同。环境科学、神经生理学、DNA 模拟、蛋白质工程、临床试验、流行病学、CT 技术、高清晰度电视、飞机设计、市场预测等领域都需要数学的支持，让学生了解数学的广泛应用，既可以帮助学生了解数学的发展情况，体会数学的应用价值，激发学生学好数学的勇气和信心，又可以帮助学生领悟数学知识的应用过程。在实际教学中，教师既可以自己搜集有关资料并介绍给学生，也可以鼓励学生通过多种渠道搜集数学知识应用的具体案例，并相互交流，激发学生学习数学的兴趣，增强学生的数学应用意识。

五、重视课堂教学，逐步培养学生的数学应用意识

（一）重视介绍数学知识的来龙去脉

数学知识的形成来源于生产实践的需要。学生所学的知识大都来源于生产实践，包括学生的生活经验，这就为我们从学生的生活实际入手引入新知识提供了大量的背景资料。在数学教学中，教师应该让学生了解这些数学知识的来龙去脉，充分体会这些知识的数学应用以及它们的应用价值，逐步培养学生的数学应用意识。

（二）鼓励和引导学生数学地思考，提出问题

从数学的角度描述客观事物与现象，寻找其中与数学有关的因素，是主动运用数学知识和方法解决实际问题的重要环节。例如，教师可以鼓励学生从数学的角度描述与出租车有关的数学事实（车费与行驶路程、等候时间、起步价有关；耗油量与行驶路程有关）。因此，教师在教学中应努力为学生提供尽可能多的具有原始背景的数学问题，让学生自己抽象出其中的数学问题，并用数学语言加以描述。在数学教学中，教师可从以下几方面来设计问题：

1. 注重数学与日常生活的密切联系

日常生活中的许多问题，如住房、贷款、医疗改革、购物等，都与数学有着密切的联系。教师在数学教学中可以结合教学内容，将这些实际问题引入课堂。

2. 注重数学知识与社会的联系

数学的内容、思想、方法和语言已经渗透到社会生活的各个方面，经济发展离不开数学，高科技发展的基础在于数学。教师在日常教学中，可适当引入一些数学与社会现实联系的问题，如人口、资源、环境等社会问题。

3. 注重数学与各学科的联系

随着科学技术的迅速发展，数学与各学科的联系越来越紧密，数学作为基本工具的作用越来越显著。因此，教师在教学中要体现数学与其他学科的联系，多引入一些与其他学科有关的知识，如数学与医学：抓住CT与几何学的关系，引出CT的数学原理；数学与生物：利用生物学中细胞分裂的实例可加深学生对指数函数的理解。教师将这些问题与课本知识进行沟通与衔接，既能够增强学生利用数学知识的主动性，又能够强化学生的创新意识。

4. 注重数学与各专业的联系

对高校来说，数学是一门基础课程，是学习其他专业课程的基础。在强调"适度，够用"要求和数学课时数缩减的情况下，数学教学应注重与各专业的联系，有针对性地选择一些与各专业教学内容相关的问题。比如，对市场营销专业的学生，可以向他们介绍一些关于进货优化问题的数学知识，如当需求量随机时，选择何种方案能够使总利润最大；对物流专业的学生，可以向他们介绍一些与图论有关的实例，如七桥问题、商人过河问题等，使他们了解图论的思想，为以后学习专业知识打下基础；对机电类各专业的学生，则可以结合导数向他们介绍与速率、线密度等问题有关的数学知识。

（三）为学生解决实际问题创造条件和机会

学生不仅生活在学校中，还生活在家庭和社会中，教师可以从学校生活、家庭生活和社会生活中选择有意义的活动让学生参与，或让学生走出课堂，去主动实践。创造机会让学生亲身实践是培养学生数学应用意识的有效手段。

1. 教学内容中可增加贴近生活的应用题

比如，据《市场报》1993 年 11 月 2 日报道的一则消息可知，成都物业投资总公司为了让住房十分紧张的市民买到低档房屋，特意建造了一批每平方米售价仅为一千一百八十八元的住房，三年后该公司将全部购房款还给房主，这叫"三年还本售房"。某居民为解决住房困难，筹款购买了七十平方米的住宅。试问：该居民实际上用多少钱购买了这套住宅？（精确到个位，假设三年期储蓄的年利率是 3.24%）这道题是根据报纸上的报道设计的应用题。这道题既可用学生掌握的数学知识解决，又与目前深化住房制度改革的形势密切相关。因此，学生对这一问题会很感兴趣，能够激发学生应用数学知识参与社会实践的兴趣。

2. 教师应努力挖掘有价值的研究性活动

从某种程度上说，课外活动对学生的自主性、独立性、选择性、创造性以及应用能力培养的意义是课堂教学活动难以替代的。适当地增加课外专题学习，开展研究性活动是对课堂教学活动的一种有益补充。比如，教师可以给学生布置一些研究性课题：① 某商店某一类商品每天毛利润的增减情况；② 银行存款中年利率、利息、本息、本金之间的关系；③ 如何估算某建筑物的高度。让他们围绕这些研究性课题展开调查，尽可能多地让他们了解与题目相关的社会生活知识。然后让学生在教师的启发下，将这些实际问题转化为数学问题并选择适当的方法加以解决。对这类实践活动，首先学生需要明确要研究的因素以及如何获取这些因素的相关信息，然后才能设法去搜集相关信息并对这些信息进行加工和分析，找出解决问题的具体办法。此时，教学的重点便不再只停留在数量关系的寻找上，而是侧重探索研究。这种探索研究一方面增加了学生解决实际问题的社会经验，有利于学生积累解答应用题的素材；另一方面培养了学生主动解决问题的习惯，激发了学生学习数学的兴趣，培养了学生的数学应用意识。

第四节　培养学生数学建模能力的教学策略

数学建模在科学技术发展中的作用越来越受到人们的重视，它已成为现代科技工作者必备的重要能力。培养学生的数学意识及运用数学知识解决实际问题的能力，既是高校数学教学目标之一，又是提高高校学生数学素质的需要。学生的数学素质主要体现在运用数学知识（数学思维）去解决实际问题，以及形成学习新知识的能力和适应社会发展的需要上。数学建模是解决数学问题的一种重要方法，从本质上来说，数学建模活动就是一种创造性活动，数学建模能力就是创新能力的具体体现。数学建模活动就是让学生经历"做数学"的过程，是学生养成动脑习惯和形成数学意识的过程；它为学生提供了自主学习的空间；有助于学生体验数学在解决实际问题中的价值和作用，体验数学与日常生活和其他学科的联系，体验综合运用知识和思想方法解决实际问题的过程，增强数学应用意识；有助于激发学生学习数学的兴趣，发展学生的创新意识和实践能力。

一、数学建模的含义

数学模型一般是实际事物的一种数学简化。描述一个实际现象可以有很多种方式，为了使描述更具科学性、逻辑性、客观性和可重复性，人们通常采用一种被普遍认为比较严格的语言来描述各种现象，这种语言就是数学。因此，数学模型是针对现实世界的一个特定对象、一个特定目的，根据其特有的内在规律，做出一些必要的假设，运用适当的数学工具，得到的一个数学结构。关于数学模型，目前还没有一个公认的定义。笔者认为，数学模型是关于部分现实世界为一定目的而做的抽象、简化的数学结构。也有人将数学模型定义为现实对象的数学表现形式，或用数学语言描述的实际现象，是实际现象的一种数学简化。

建立数学模型的过程称为数学建模。数学建模是利用数学方法解决实际问题的一种实践，即通过抽象、简化、假设、引进变量等处理过程后，将实际问题用数学方式表达出来，建立数学模型，然后运用先进的数学方法及计算机技术进行求解。因此，数学建模就是用数学语言描述实际现象的过程。这里的实际现象既包含具体的自然现象，例如自由落体现象；也包含抽象的数学现象，例如顾客对某种商品持有的价值倾向。这里的描述不仅包括对外在形态、内在机制的描述，也包括预测、试验和解释实际现象等内容。

在现实世界中，许多自然科学问题和社会科学问题并不是以现成的数学问题的形式出现的。只有在数学建模的基础上才有可能利用数学的概念、方法和理论对这类问题进行深入的分析和研究，从而从定性或定量的角度，为解决现实问题提供精确的数据或可靠的指导。

数学建模是联系数学与实际问题的桥梁，是数学在各个领域得以广泛应用的媒介，是数学科学技术转化的主要途径。数学建模在科学技术发展中的重要作用越来越受到数学界和工程界的普遍重视，它已成为现代科技工作者必备的重要能力之一。数学建模在不同的科学领域、不同的学科中取得了巨大的成就。例如，力学中的万有引力定律，电磁学中的麦克斯韦方程组，化学中的门捷列夫周期表，生物学中的孟德尔遗传定律等都是在经典学科中应用数学建模的范例。

二、数学建模的步骤

应用数学解决各类实际问题时，建立数学模型是十分关键的一步，同时也是十分困难的一步。在建立教学模型的过程中，人们需要通过调查和搜集数据资料，观察和研究实际对象的固有特征和内在规律，抓住问题的主要矛盾，建立起反映实际问题的数量关系，然后利用数学的理论和方法分析和解决问题。完成这个过程，需要有深厚扎实的数学基础、敏锐的洞察力、大胆的想象力以及对实际问题的浓厚兴趣和广博的知识面。

一个合理、完善的数学建模步骤是建立一个好的数学模型的基本保证，数学建模讲究灵活多样，所以数学建模步骤也不能强求一致。下面介绍的"八步建模法"比较细致、全面，具体包括以下八个步骤：

（一）提出问题

能创造性地提出问题是成功解决问题的关键一步。很多问题没有得到很好的解决的原因都是问题没有提好。这一步骤的关键在于明确建模目的和要建立的模型类型，即从问题情境以及获得的可信数据中可以得到什么信息，所给条件有什么意义，对问题的变化趋势有什么影响，并且要弄清该问题涉及的一些基本概念、名词和术语。通过对实际问题的初步认识和分析，明确问题情境，把握问题的实质，找准待解决的问题，提出明确的问题指标，明确建模的目的。

（二）分析变量

分析变量，即首先要将研究对象涉及的量尽可能地找准、找全，然后根据建模目的和要采用的方法，确定变量的类型是确定性的还是随机的，并分清变量的主次地位，忽略引起误差较小的变量，初步简化数学模型。在研究变量之间的关系时，一个非常重要的方法是数据处理，即对一开始获得的数据做适当的变换或其他处理，以便从中找出隐藏的数学规律。

（三）模型假设

模型的假设是数学建模的基础，在进行假设前要将表面上杂乱无章的现实问题抽象、简化成数学的量的关系。模型假设，是建模的关键一步。模型假设的成功与否在一定程度上决定了后续工作能否顺利展开，甚至关系到整个建模过程的成败。因为影响一个现实事件的因素通常是多方面的，我们只能选择其中的主要影响因素以及它们中的主要矛盾并予以考虑，但这种简化一定要合理，过分的简化会导致模型距离实际太远而失去建模意义。因此，要根据对象的特征和建模目的，对问题进行必要的、合理的简化，用精确的语言做出假设，充分发挥想象力、洞察力和判断力，辨别主次。而且为了使处理方法简单化，应尽量使问题线性化、均匀化。

（四）建立模型

在前三步的基础上，根据研究对象本身的特点和内在规律，以模型假设为依据，利用适当的数学工具和相关领域的知识，通过联想和创造性的发挥及严密的推理，最终形成描述研究对象的数学结构。简单来讲，这一环节要求尽可能用简洁清晰的符号、语言和结构将经过简化的问题进行整理性的描述，只要做到准确和贴切即可。建立的模型在表述上应尽可能符合一些已经成熟的规范，以便于应用已知结论求解以及模型的应用与推广。

（五）模型求解

建立数学模型还不是建模的最终目的，建模是为了解决问题，因此还要对建立的数学模型求解，以便将其应用于实践。不同的模型要用不同的数学工具求解，可以采用解方程、画图形、定理证明、逻辑运算以及数值计算等各种传统的或近代的数学方法。随着信息科学的高速发展，在多数场合下，数学模型求解问题必须依靠计算机软件才能得到较好的解决。因此，熟练利用数学软件会为数学模型的求解带来便利，在解题的过程中起着不可替代的作用。

（六）模型分析

模型求解只是解决问题的初步阶段，因为在建立模型的过程中，只是近似地抽象出实际问题的框架，在设计变量、模型假设、模型求解等阶段，都会忽略掉一些实际因素，或者引入一些误差，使得数学模型仅是对问题的近似与估计，得到的结果也只是近似值或估计值。因此，在模型求解后有必要进行结果的检验分析与误差估计，以便了解所得结果在什么情形下可信，在多大程度上可信，也就是下面将要论述的模型分析。

模型分析主要包括：误差分析，对各原始数据或参数进行的灵敏度、稳定性分析等。模型分析过程可简化如下：分析—不合要求—重新审查并修改重建—合要求—评价、优化—解释、翻译成通俗易懂的语言。

（七）检验模型

检验模型，通俗地讲，就是把通过模型求解所得的数学结果解释为实际问题的解或方案，并用实际的现象、数据加以验证，检验模型的合理性和适用性。检验模型的方法主要包括以下两类：① 实际检验：回到客观世界中检验，用实验或问题提供的信息来检验。② 逻辑检验：一般是结合模型分析以及对某些变量的极端情况获取极限的方法，找出矛盾，否定模型。如果检验结果与实际情况相差太远，应当从改进模型的假设条件入手（出现这种情况可能是因为将一些重要的因素忽略了，也可能是将某些变量之间的关系进行了过分简化的假设），需修改或重新建立模型，直到得到比较满意的检验结果。

（八）模型应用

模型应用是建模的宗旨，也是对建模最客观、公正的检验，数学建模需要在实践的检验中多锤炼、提高、发展和完善。以上提出的数学建模的八个步骤，各步骤之间有着密切的联系，它们是一个统一的整体，不能分开，在建模过程中应灵活应用以上步骤。

三、在高等数学教学中培养学生数学建模能力的必要性

（一）有利于学生动手实践能力的培养

在传统的数学教学中，大多是教师给出题目，学生给出计算结果。问题的实际背景是什么、结果怎样应用等问题在传统数学教学中很难得到体现。数学建模是一个完整的求解过程，要求学生根据实际问题抽象和提炼出数学模型，选择相应的求解算法，并通过计算机程序求出结果。在数学建模过程中，学生将学过的知识与周围的现实世界联系起来，对培养学生的动手实践能力很有好处，有助于学生毕业后快速完成角色的转变。

（二）有利于学生知识结构的完善

构建一个实际数学模型涉及多方面的问题，如工程问题、环境问题、军事问题、社会问题等等。因此，数学建模有利于促进知识交叉、文理结合，有利于促进复合型人才的培养。另外，数学建模还要求学生具有很强的计算机应用能力和英文写作能力。数学建模教会了学生面临实际问题，如何通过搜集信息和查阅文献，加深对问题的理解，构建合理的数学模型。这个过程就是学生自主学习、探索发现的过程。"授人以鱼，不如授人以渔。"通过这样的训练，学生具备了一定的自我学习的方法和能力，这与现代社会"人才应具有终身学习的能力"的要求是相符的。

（三）有助于学生创新意识和创新能力的培养

我国传统的数学课程过多地注重对确定性问题的研究，采用的是"满堂灌"的教学方式。这种教学方式容易导致学生形成"惰性思维"，难以充分展示学生的个性。而数学建模可以通过大量生动有趣的实例来激发学生学习的兴趣和学热情。数学建模不同于传统的解题教学，在建模过程中没有固定的模式和固定的答案，即使是对同一问题进行研究，其采用的方法和思路也是灵活多样的。建模没有最好，只有更好。从对实际问题的简化假设，到数学模型的构造、数学问题的解决，再到模型在实际生活中的应用，无不需要创造性的思维和创新意识。数学建模可以培养学生的洞察力、想象力和创造力，提高学生解决实际问题的能力。

（四）有利于学生团队精神的培养

学生在毕业后，大多从事的是一线工作，而一线工作非常需要学生具备合作精神和团队精神。数学建模活动需要学生以团队的形式参加，通过全体同学在建模过程中的合理分工与协作来解决问题。集体工作、共同创新、荣誉共享，这些都有利于培养学生的团队精神，培养学生的协同创业意识。任何一个参加过数学建模活动的学生都会因团队精神带来的成功和喜悦受到由衷的鼓舞。因此，数学建模活动的开展，有利于学生团队精神的培养。

总之，数学建模体现的创新思维意识、团队合作精神正是我们这个时代需要的，培养学生的创新思维意识、团队合作精神是高校数学任课教师必须努力实现的目标，数学建模活动的开展也为高校数学课教学指明了方向。

四、数学建模的教学要求

第一，在数学建模中，问题是关键。数学建模的问题应是多样的，应来自日常生活、现实世界。同时，解决问题涉及的知识、思想与方法与高校数学课程内容有密切的联系。

第二，通过数学建模，学生将经历解决实际问题的全过程，体验数学与日常生活及其他学科之间的联系，感受数学的实用价值，增强数学应用意识，提高数学应用能力。

第三，每个学生都可以根据自己的生活经验发现并提出问题，对同样的问题，可以发挥自己的特长和个性，从不同的角度及层次探索解决问题的方法，从而获得综合运用知识和方法解决实际问题的经验，培养创新意识。

第四，学生应该在发现和解决问题的过程中，学会通过查询资料等手段获取信息。

第五，将课内教学活动与课外教学活动有机地结合起来，把数学建模活动与综合实践活动有机地结合起来。数学模型有广义和狭义之分，广义的数学模型包括从现实问题中抽象概括出来的一切数学概念、各种数学公式、方程式、定理以及理论体系等。其中，数学概念、命题教学都可看作广义数学模型的建立过程。狭义的数学模型是将具体问题的基本属性抽象出来成为数学结构的一种近似反映，是一种反映特定的具体实体内在规律性的数学结构。

五、培养学生数学建模思想的教学对策

（一）在理论教学中渗透建模思想

数学理论是因为实际需要产生的，也是应用其他定理的前提。因此，教师在教学中应重视从实际问题中抽象出数学概念，让学生从模型中切实体会到数学概念是因有实用价值而产生的，从而培养学生学习数学的兴趣。例如，在讲定积分概念时，用求

曲边梯形面积作为原型，让学生体会一定条件下"直"与"曲"相互转化的思想以及"化整为零、取近似、求极限"的积分思想。通过模型来学习数学概念，学生可以看到问题是如何提出的，从而对数学建模产生兴趣。同时，教师应重视传统数学课中重要方法的应用，例如利用一阶导数、二阶导数求函数的极值和函数曲线的曲率解决实际问题。

（二）在应用中体现建模思想

教师可以选择一些简单的数学课程内容，结合实际问题设计一些题目，根据建模的一般含义、方法、步骤对这些问题进行讲解，从而培养学生学习数学建模的兴趣，激发学生对数学建模的积极性，使学生具有初步的建模思想。例如，在自然科学以及工程、经济、医学、体育、生物、社会等学科中有许多知识系统，有时很难找到这些系统中有关变量之间的直接关系——函数表达式，但却能找到这些变量和它们的微小增量或变化率之间的关系式。这时便可采用微分关系式来描述这些系统，即建立微分方程模型。因此在教学过程中，教师应注意培养学生用上述工具解决实际问题的能力。

（三）在考核中增设数学建模环节

目前，考试仍然是高校考查学生学习情况的重要途径，但考试并不能充分体现出学生各方面的能力。除数学建模课程外，教师也可以设立数学建模考试环节，具体可将试题分为两部分：一部分是基础知识类试题，可以要求学生在规定时间内完成；另一部分是一些实用性的开放性试题，可以参考数学建模竞赛的形式。这样不但能考查学生的能力，而且还能从中挖掘有潜质的学生，参加全国大学生数学建模竞赛。

（四）建立适合数学建模思维的教学方法

数学建模本身是一个不断探索、不断创新、不断完善和不断提高的过程，数学建模思维的培养需要学生具备一定的数学基础、广博的知识面和丰富的想象力。与其他数学类课程相比，数学建模课程具有难度大、涉及面广、形式灵活等特点，对教师和学生的要求相对比较高，教师必须采取符合数学建模思想的教学方法。

1. 教师与学生双向互动的教学模式

在建模课程中要突出学生的主体性，充分发挥学生的主动性和积极性以及学生作为活动主体应有的地位和作用。建模教学一般采用双向的教学方法，该方法有利于改变过去传统教学方式的单一性，强化"启发式"教学方法的实施。教师在建模教学中应适当减少讲解理论知识的时间，增加课堂交流的时间，给学生留下独立思考的空间，并增加课堂练习时间，便于教师及时掌握学生的学习效果。部分教学内容可以采用学生讲解、课堂讨论的形式，让学生自己当一次教师，并在学生讲解完相关内容后，组织全班展开讨论，鼓励其他学生提出疑问并发表不同的见解。最后，教师可以就其中出现的一些问题进行纠正或补充总结。教师要学会驾驭课堂，学会耐心倾听学生的意见，培养学生的求知欲望，激发学生的创新意识，培养学生的创新精神和创新能力，同时也要有意识地提出问题，以培养学生发现问题、解决问题的意识。

2. 教学与自学相结合的教学方法

数学建模涉及的知识面比较广，不可能让学生先学会所有的知识再去建模，且仅靠课堂上所学的知识也难以圆满完成建模任务。这就要求学生利用丰富的网络学习资源不断地进行自我学习、自我充实。教师除了在课堂上向学生传授数学理论知识外，还应培养学生学会利用各种资源快速获取信息及掌握新知识的能力，指导学生利用图书馆、网络平台的书籍和论文，阅读与建模相关的资料。广泛的阅读学习可以开阔学生的视野，培养学生的自学能力。通过这样的训练，学生可以掌握一定的自我学习方法和具备一定的自我学习能力。事实表明，数学建模是激发学生学习欲望，培养学生主动探索、努力进取和团结协作精神的有力措施。

3. 现代开放式的教学方法

在培养数学建模思想的过程中，教师可以引入开放式的教学方法，如探究式、研讨式、案例式、启发式等教学方法。教师在建模初始阶段应从简单的问题入手，引导学生初步掌握用数学形式刻画和构造模型的思想，培养学生积极参与和勇于创造的意识。随着学生能力的提升和经验的增长，教师可让其以实习作业或活动小组的形式展开分析讨论，分析每种模型的有效性，并提出修改意见，以确定讨论范围是否有进一步扩展的意义。这样，学生可以在不断发展中树立信心，学到知识。受思维定式的影响，很多学生认为数学问题只有一个标准答案，在解答完数学问题后，就不会再考虑是否还有其他方案，缺少创新思维。为此，教师应开拓学生的思维方式，启发学生积极讨论，鼓励学生从多个角度考虑问题，大胆提出不同的解决方案，鼓励学生另辟蹊径，让学生在小组讨论后说出各自的答案，集体评价各种思路的利弊。通过教师的引导、启发与集体讨论，学生会逐渐发现自己在认知方面的不足，并养成多方面、多角度考虑问题的习惯。

4. 借助现代教学手段辅助教学

运用计算机工具解决建模问题，是促进数学建模教学的有效方法。教师可以利用多媒体进行建模学习，通过多媒体设备向学生展示生动有趣的案例、丰富多彩的图形和动画，从而激发学生学习建模的兴趣与热情。同时，教师应注重对学生运用计算机软件建立数学模型的能力的培养。学校应建立计算机交互式多媒体实验室，扩建原来的数学建模实验室，供广大数学建模爱好者使用，为数学建模教学创造良好的实验条件和环境。数学建模课可以整合开设，除了调整教学内容，增加最新技术成果及应用简介之外，还要增加知识模块之间的衔接，结合建模方法和教学软件来培养学生的探索兴趣与解决实际问题的能力。

六、培养数学建模能力的教学策略

要提高高校学生的建模综合能力，教师首先要在平时的数学课堂教学中，从对学生各项能力的培养入手：

（一）培养学生的双向翻译能力

实际应用问题，一般以普通语言或图表语言的形式给出，而数学建模多是用符号描述的。所以，双向翻译能力是应用数学的基本能力，为了提高这方面的能力，教师在教学中应该做到：

1. 注重数学概念、公式、定理的产生和发展的问题背景的教学

语言是问题描述的载体，不同的语言有不同的表现形式，学生能否准确、熟练地翻译这些语言十分重要，这直接决定了其建模能力的强弱。诸多数学概念、公式、定理的产生和发展都有着丰富的问题背景，这为我们在数学教学中训练学生的语言翻译能力提供了素材。教师应在数学教学中适当补充概念、公式以及定理的应用性知识，充分体现知识产生于实践又服务于实践的全过程。

2. 以思维方法为视角，精选、剖析优秀的数学建模竞赛试题和参赛作品

科学的思维方法是人们认识科学的手段，是使人们的思维运动通向客观真理的途径和桥梁。因此，教师在数学教学中必须重视科学思维方法的教育。精选往年典型的数学建模竞赛试题并引导学生分析、解答，引导学生研读优秀的参赛作品，无疑是提升学生语言翻译能力的有效途径。

（二）培养学生的解题能力

讲授数学建模的具体思维方法，可以培养学生的解题能力。具体思维方法是哲学思维方法、一般思维方法在数学学科某些特殊领域的特殊应用，是认识对象的特殊属性决定的特殊方法，有参数辨识建模方法、线性规划、多目标规划以及各种统计方法等。如 2000 年 DNA 分类问题涉及的聚类分析方法，2002 年公交车调度问题中如何将多目标规划问题转化为单目标规划问题等。对以上具体事例的讲解，帮助使学生熟练掌握这些方法的使用原则和处理问题的技巧，是提高学生解模能力的有效措施。此外，教师还应结合实验课中的实验内容，分层次、有目的地设计不同的题目，以锻炼学生应用数学软件包的能力。

（三）培养学生的观察和猜想能力

通过类比引导等方法，可以培养学生的观察和猜想能力。

1. 教给学生观察、猜想的方法

达尔文说过："最有价值的知识是关于方法的知识。"在数学教学中，教师应该有

意识、有目的、有步骤地对学生进行观察、猜想的方法的教学，帮助他们掌握科学的观察、猜想的方法。如介绍一些数学家的著名猜想及其发展脉络，通过追踪数学家的猜想思路获得猜想的思维方法，如探索性猜想方法、类比性猜想方法等。强化过程教学，培养学生的判断能力、否定意识及创新精神。结合数学史料进行教学，让学生在学习中体验科学家创造知识成果的艰难、曲折的历程，感受科学家为追求真理而献身的崇高境界，从而逐渐培养他们实事求是、独立思考、勇于创造和不畏艰难的科学精神。

2. 加强传统数学课、实验课教学，培养学生观察、猜想的能力

数学中的许多著名公式与定理都是数学家通过细心观察、归纳、类比等过程提炼出来的，这为培养学生的观察能力提供了丰富的"土壤"。

在概念、定理以及公式的教学中，结合该课型的特点，注意分析概念、定理以及公式的产生过程，通过比较它们的各个侧面、特点、差异，引导学生概括出它们的共同本质，进而抽象出新概念、新理论。如随机变量概念的引入和建立，学生可以从骰子的点数、产品中次品的件数等数字表示的事件入手，观察其特点。然后，将非数字表示的随机事件数字化，再次观察其特点，最终抽象概括出建立在样本空间（事件域）上的函数——随机变量。

参考文献

[1] 苏建伟.学生高等数学学习困难原因分析及教学对策 [J].海南广播电视大学学报，2015(2).

[2] 温启军，郭采眉，刘延喜.关于高等数学学习方法的研究 [J].吉林省教育学院学报，2013(12).

[3] 同济大学数学系.高等数学（第七版)[M].北京：高等教育出版社，2014.

[4] 黄创霞，谢永钦，秦桂香.试论高等数学研究性学习方法改革 [J].大学教育，2014(11).

[5] 刘涛.应用型本科院校高等数学教学存在的问题与改革策略 [J].教育理论与实践，2016，36(24)：47-49.

[6] 徐利治.20 世纪至 21 世纪数学发展趋势的回顾及展望(提纲)[J].数学教育学报，2000，9(1)：1-4.

[7] 徐利治.关于高等数学教育与教学改革的看法及建议 [J].数学教育学报，2000，9(2)：1-2，6.

[8] 王立冬，马玉梅.关于高等数学教育改革的一些思考 [J].数学教育学学报，2006，15(2)·：100-102.

[9] 张宝善.大学数学教学现状和分级教学平台构思 [J].大学数学，2007，23(5)：5-7.

[10] 夏慧昇.一道高考数学题的解法研究及思考 [J].池州师专学报，2006，20(5)：135-136.

[11] 赵文才，包云霞.基于翻转课堂教学模式的高等数学教学案例研究——格林公式及其应用 [J].教育教学论坛，2017(49)：177-178.

[12] 余健伟.浅谈高等数学课堂教学中的新课引入 [J].新课程研究，2009(8)：96-97.

[13] 江雪萍.高等数学有效教学设计的探究 [J].首都师范大学学报（自然科学版），2017(6)：14-19.

[14] 谌凤霞，陈娟."高等数学"教学改革的研究与实践 [J].数学学习与研究，2019(07).

[15] 王冲."互联网+"背景下高等数学课程改革探索与实践 [J].沧州师范学院学报，

2019（01）.

[16] 王佳宁 . 浅谈高等数学课程的教学改革与实践研究 [J]. 农家参谋，2019（05）.

[17] 茹原芳，朱永婷，汪鹏 . 新形势下高等数学课程教学改革与实践探究 [J]. 教育教学论坛，2019（09）.

[18] 中华人民共和国教育部 . 普通高中数学课程标准 [M]. 北京：人民教育出版社，2017.

[19] 杨兵 . 高等数学教学中的素质培养 [J]. 高等理科教育，2001（5）：36-39.

[20] 同济大学数学系 . 高等数学 [M].6 版 . 北京：高等教育出版社，2007.

[21] 沈文选，杨清桃 . 数学史话览胜 [M]. 哈尔滨：哈尔滨工业大学出版社，2008.

[22] 曲元海，宋文媛 . 关于数学课堂内涵的再思考 [J]. 长白山大学学报，2013，34（5）：71-73.